国家级职业教育教师教学创新团队成果
国家级精品课程配套教材

智能制造综合实训

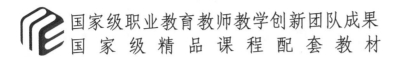

主　编　徐　凯　黄华椿　张振扬

副主编　黄　诚　余小榕　磨承杰

参　编　陈晓云　文小满　庄绩宏

　　　　张培铭　李修明　陈　勇

　　　　徐宗基　韦良雄　王　浩

主　审　苏　茜　齐　林

科学出版社

北　京

内 容 简 介

本书由校企"双元"联合开发,以典型工作任务为载体组织教学内容。全书分为 4 个模块、15 个实训项目。其中,模块 1 为数控机床编程与加工,包含 3 个实训项目;模块 2 为工业机器人的编程与操作,包含 4 个实训项目;模块 3 为 PLC 控制技术,包含 4 个实训项目;模块 4 为机电一体化概念设计,包含 4 个实训项目。

本书编写对接 1+X 证书标准,体现书证融通,注重思政融合及信息化资源配套,便于落实课程思政和实施信息化教学。

本书可作为高职高专智能制造装备技术、数控技术、机械制造与自动化、机电一体化等专业的教材,也可供智能制造产业领域的相关从业人员参考。

图书在版编目(CIP)数据

智能制造综合实训/徐凯,黄华椿,张振扬主编. —北京:科学出版社,2024.12
国家级职业教育教师教学创新团队成果 国家级精品课程配套教材
ISBN 978-7-03-073408-2

Ⅰ. ①智… Ⅱ. ①徐… ②黄… ③张… Ⅲ. ①智能制造系统-技术培训-教材 Ⅳ. ①TH166

中国版本图书馆 CIP 数据核字(2022)第 189512 号

责任编辑:张振华 / 责任校对:马英菊
责任印制:吕春珉 / 封面设计:东方人华平面设计部

科学出版社 出版
北京东黄城根北街 16 号
邮政编码:100717
http://www.sciencep.com
天津市新科印刷有限公司印刷
科学出版社发行 各地新华书店经销
*
2024 年 12 月第 一 版 开本:787×1092 1/16
2024 年 12 月第一次印刷 印张:17
字数:400 000

定价:59.00 元
(如有印装质量问题,我社负责调换)

销售部电话 010-62136230 编辑部电话 010-62135120-2005

前　言

制造业是立国之本、兴国之器、强国之基，是一国国民经济的主体，也是提升综合国力、保障国家安全、建设世界强国的保障。当前，人类在技术领域不断开拓创新，大数据、云计算、物联网等技术得以成熟应用，工业自动化、数字化的水平不断提高，以信息化和智能化为主导的新工业革命和数字经济正在加速改变世界。目前，我国正处于从制造业价值链低端向中高端、从制造大国向制造强国、从"中国制造"向"中国创造"转变的关键历史时期。

智能制造产业是推动工业转型升级和高质量发展的强力引擎，其产业链涵盖智能装备（机器人、数控机床及其他自动化装备）、工业互联网（机器视觉、传感器、RFID、工业以太网）、工业软件（ERP/MES/DCS 等）、3D 打印，以及将上述环节有机结合的自动化系统集成和生产线集成等。

随着国家对职业教育的重视和投入的不断增加，我国职业教育得到了快速发展，为社会输送了大批工作在智能制造产业一线的技术技能人才。但应该看到，智能制造产业领域的从业人才的数量和质量都远远落后于产业快速发展的需求。随着企业间竞争的日趋残酷和白热化，现代企业对具有良好的职业道德、必要的文化知识、熟练的职业技能等综合职业能力的高素质劳动者和技能型人才的需求越来越广泛。这些急需职业院校创新教育理念，改革教学模式，优化专业教材，尽快培养出真正适合智能制造产业需求的高素质劳动者和技能型人才。

当前，智能制造产业发展日新月异，新理论、新技术不断出现。为了适应国家产业转型升级和教学改革的需要，深入贯彻落实党的二十大报告精神，编者根据《职业院校教材管理办法》《高等学校课程思政建设指导纲要》《"十四五"职业教育规划教材建设实施方案》等文件要求，在行业、企业专家和课程开发专家的精心指导下，结合智能制造企业生产线的数控机床、工业机器人等核心设备的真实生产项目、典型工作任务和岗位实际，编写了本书。本书的编写紧紧围绕智能制造企业的岗位需要和当前教学改革趋势，坚持以学生综合职业能力培养为中心，以"科学、实用、新颖"为编写原则，强调学生主动参与、教师指导引领，旨在探索"教学做一体化"的教学模式。

本书共 4 个模块。模块 1 为数控机床编程与加工，模块 2 为工业机器人的编程与操作，模块 3 为 PLC 控制技术，模块 4 为机电一体化概念设计。每个模块分为若干个实训项目，每个实训项目以"项目导读"、"学习目标"、"工作任务分析"、"实践操作"、"评价反馈"、"知识链接"、"直击工考"（模块 4 除外）等形式展开，层层递进，环环相扣，具有很强的针对性和可操作性。

前　言

　　本书由广西机电职业技术学院、北京经济管理职业技术学院、广西南南铝加工有限公司、广西机械工业研究院有限责任公司、深圳复兴智能制造有限公司、江苏汇博机器人技术股份有限公司联合开发，行业特色鲜明。编者均来自教学或企业一线，具有多年教学和实践经验，多数人带队参加过国家或省级技能大赛，并取得了优异的成绩。在编写本书的过程中，编者能紧扣该课程目标，借鉴技能大赛所提出的能力要求，把技能大赛过程中所体现的规范、高效等理念贯穿其中，符合当前企业对人才综合素质的要求。

　　本书由广西机电职业技术学院徐凯、黄华椿、张振扬担任主编；广西机电职业技术学院黄诚、余小榕、磨承杰担任副主编；广西机电职业技术学院陈晓云、文小满，北京经济管理职业技术学院庄绩宏，广西机械工业研究院有限责任公司张培铭、李修明，深圳复兴智能制造有限公司陈勇、徐宗基、韦良雄，江苏汇博机器人技术股份有限公司王浩参与编写；广西机电职业技术学院苏茜教授和广西南南铝加工有限公司"首席技能专家""全国技术能手"齐林大师担任主审。编写分工如下：模块 1 由黄诚、陈晓云、张培铭编写；模块 2 由黄华椿、磨承杰、庄绩宏、王浩编写；模块 3 由徐凯、余小榕、文小满、李修明编写；模块 4 由张振扬、黄华椿、陈勇、徐宗基、韦良雄编写。

　　编写本书时，编者查阅和参考了众多文献资料，从中得到了许多教益和启发，在此向参考文献的作者致以诚挚的谢意。在统稿过程中，编者所在单位有关领导和同事也给予了很多支持和帮助，在此一并表示衷心的感谢。

　　限于编者水平，书中难免存在不妥之处，恳请读者提出宝贵意见，以便今后修订和完善。

目　　录

模块 1　数控机床编程与加工

模块 2　工业机器人的编程与操作

模块 3 PLC 控制技术

模块 4　机电一体化概念设计

目　录

模 块

数控机床编程与加工

　　本模块包括 3 个实训项目：阶梯轴数控车床编程与加工、六方台模板加工中心编程与加工、十字轮轴数控车床-加工中心编程与加工。通过本模块的综合训练，应能够合理制定零件的数控加工工艺，能够采用手工编程和自动编程的方法正确编写零件的数控加工程序，能够操作数控机床完成零件的加工，能够进行零件加工质量检测。

【学习目标】
　　1. 掌握数控机床加工工艺分析方法；
　　2. 掌握数控机床编程的基本方法；
　　3. 掌握 CAM 软件自动编程的基本操作方法；
　　4. 能合理制定零件的数控加工工艺；
　　5. 能运用数控机床基本编程指令编写零件的数控加工程序；
　　6. 能运用 CAM 软件生成零件的数控加工程序；
　　7. 能进行零件的数控机床仿真加工；
　　8. 能操作数控机床加工各类零件；
　　9. 能利用量具对零件进行加工质量检测。

【素养目标】
　　1. 培养积极服务机械制造行业发展的意识和态度；
　　2. 培养良好的职业道德，热爱本职工作，爱岗敬业，恪尽职守，讲究职业信誉；
　　3. 培养精益求精的工匠精神，养成踏实严谨、耐心专注、吃苦耐劳的工作作风；
　　4. 培养勇于探索的创新精神、互助协作的团队精神。

阶梯轴数控车床编程与加工

【项目导读】

数控车床是一种高精度、高效率的自动化机床，主要用于轴类零件、盘套类零件等回转体零件的加工，可以完成内外圆柱面、圆锥面、圆弧面、螺纹、非圆曲线回转面的切削加工，也可以完成切槽、钻孔、扩孔、铰孔、镗孔等工序的加工，在复杂零件的加工中具有良好的经济效益。

【学习目标】

1. 掌握数控车床加工工艺分析方法；
2. 掌握数控车床编程的基本方法；
3. 能合理制定阶梯轴的数控车床加工工艺；
4. 能运用数控车床基本编程指令编写阶梯轴的数控加工程序；
5. 能进行阶梯轴的数控车床仿真加工；
6. 能操作数控车床加工阶梯轴；
7. 能正确利用量具对阶梯轴进行加工质量检测。

1.1 工作任务分析

1.1.1 任务内容

如图 1-1 所示的阶梯轴，材料为 45 钢。识读阶梯轴零件图，熟悉阶梯轴的结构形状、材料、技术要求；分析阶梯轴的数控加工工艺，选择合适的加工方法，确定工件定位和夹紧方案，合理安排加工路线，合理选择切削用量，正确选择刀具、工具、量具，制定数控车床加工工艺过程；编写数控车床加工程序，利用数控仿真软件验证加工程序；操作数控车床完成阶梯轴的加工，利用量具对阶梯轴进行加工质量检测。

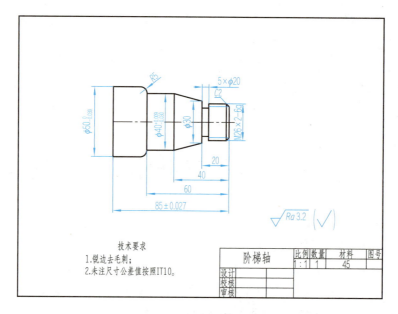

图 1-1　阶梯轴零件图

1.1.2　任务解析

问题 1　阶梯轴的加工部位形状包括_____，最高尺寸精度等级是_____，最高表面粗糙度要求是_____。

问题 2　如图 1-2 所示，在图上正确标注数控车床坐标轴、机床原点、机床参考点、编程原点。

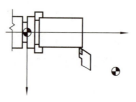

图 1-2　数控车床坐标系

问题 3　根据阶梯轴的加工表面形状、技术要求、工件材料，其外圆表面应该选择的加工方案是_____。

A. 粗铣—精铣　　　　　　　　B. 粗车—精车

C. 钻孔—扩孔—铰孔　　　　　D. 粗车—半精车—磨削

问题 4　阶梯轴加工时，应该采用_____进行定位和夹紧。

A. 自定心卡盘　　　　　　　　B. 单动卡盘

C. 平口钳　　　　　　　　　　D. 专用夹具

问题 5　在数控车床上加工零件，一般按照_____原则进行工序划分。

A. 工序集中　　　　　　　　　B. 工序分散

问题 6　切削用量是指_____、_____、_____，称为切削用量三要素。

问题 7　数控车床常用的两种刀具材料是_____和_____。

问题 8　加工阶梯轴采用硬质合金车刀，那么车刀刀片的牌号应选择_____。

　　A．YG 类　　　　　B．YT 类　　　　　C．YW 类

问题 9　如表 1-1 所示的数控车床程序段格式，在表格空白处填写程序字的意义。

表 1-1　数控车床程序段格式

N30	T0101		S600　M03
N40	G01	X50.0　Z50.0	F0.4

1.2　实践操作

1.2.1　实施准备

1. 设备和工具

NL161HC 数控车床（FANUC 0i-TF 系统）、45 钢预车棒料（要求预车至外圆 ϕ50mm、长度 85mm）、量具（游标卡尺、外径千分尺、角度尺、螺纹环规、圆弧样板、表面粗糙度样板）、工具（卡盘扳手、刀架扳手）。

2. 实施要点

问题 1　将阶梯轴数控车床加工路线填写完整：_____—精车各外圆—_____—_____。

问题 2　正确选择阶梯轴数控车床加工的刀具，将刀具卡（表 1-2）填写完整。

表 1-2　刀具卡

序号	刀具号	刀具名称	规格	数量	加工内容
1					
2					
3					
4					

问题 3　合理选择阶梯轴数控车床加工的切削用量，将切削用量表（表 1-3）填写完整。

表 1-3　切削用量表

序号	工步内容	主轴转速/（r/min）	进给速度/（mm/min）	背吃刀量/mm
1				
2				
3				
4				

问题 4　用 G00、G01 指令完成图 1-3 的编程，编程原点为工件右端面中心，并将表 1-4 填写完整。

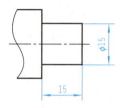

图 1-3　G00、G01 指令编程

表 1-4　G00、G01 指令编程

程序段号	程序	说明
……	……	……
N30	G00 X150.0 Z150.0	快速移动到换刀点
N35	T0101	换 1 号刀
N40		
N45		
N50		
……	……	……

问题 5　用 G71、G70 指令完成图 1-4 的编程，编程原点为工件右端面中心，并将表 1-5 填写完整。

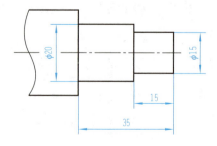

图 1-4　G71、G70 指令编程

表 1-5　G71、G70 指令编程

程序段号	程序	说明
……	……	
N30	G00 X35.0 Z5.0	外圆粗车循环起点
N35	G71 U(　)R(　)	外圆粗车循环
N40	G71 P(　)Q(　)U(　)W(　)F(　)	
N45	G00 X15.0	外圆精车路径
N50		
N55		
N60		
N65		
……	……	
N90	G00 X30.0 Z5.0	外圆精车循环起点
N95	G70 P(　)Q(　)F(　)	外圆精车循环
……	……	

问题 6　用 G76 指令完成图 1-5 的编程，编程原点为工件右端面中心，并将表 1-6 填写完整。

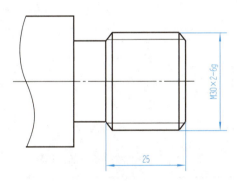

图 1-5　G76 指令编程

表 1-6　G76 指令编程

程序段号	程序	说明
……	……	
N30	G00 X35.0 Z5.0	螺纹切削循环起点
N35	G76 P(　)Q(　)R(　)	螺纹切削循环
N40	G76 X(　)Z(　)P(　)Q(　)F(　)	
N45	……	

问题 7　用 G75 指令完成图 1-6 的编程，编程原点为工件右端面中心，切槽刀宽度为 3mm，并将表 1-7 填写完整。

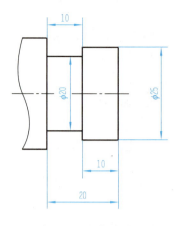

图 1-6 G75 指令编程

表 1-7 G75 指令编程

程序段号	程序	说明
......	......	
N30	G00 X35.0 Z-13.0	切槽循环起点
N35	G75 R( )	切槽循环
N40	G75 X( )Z( )P( )Q( )F( )	
N45	......	

1.2.2 实施步骤

1. 加工程序编写

编写阶梯轴数控车床加工程序，将表 1-8 填写完整。

表 1-8 阶梯轴数控车床加工程序

程序名称	O1001	
程序段号	程序	说明
N5	T0101 S600 M03	换 1 号刀，主轴正转，转速为 600r/min
N10	M08	切削液开
N15		
N20		
N25		
N30		
N35		
N40		
N45		
N50		
N55		
N60		

续表

程序段号	程序	说明
N65		
N70		
N75		
N80		
N85		
N90		
N95		
N100		
N105		
N110		
N115		
N120		
N125		
N130		
N135		
N140		
N145		
N150		
N155		
N160		
N165		
N170		
N175		
N180	M30	

2. 加工程序验证

（1）验证准备

加工程序验证准备如图 1-7 所示。

1）打开数控仿真软件，进入数控车床仿真界面；

2）设置毛坯尺寸为 ϕ50mm×85mm；

3）设置粗车刀具 T01、精车刀具 T02、切槽刀具 T03、螺纹刀具 T04 的刀具参数，将刀具装上刀架；

4）对刀，将 4 把刀具的 X、Z 补偿数值输入数控装置；

5）将阶梯轴数控车床加工程序导入数控车床仿真系统。

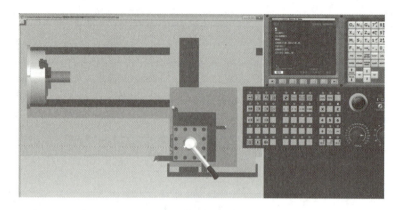

图 1-7　加工程序验证准备

（2）仿真加工

各项准备工作完成后，进入自动加工模式，按"循环启动"键进行阶梯轴数控车床仿真加工。仿真加工结果如图 1-8 所示。

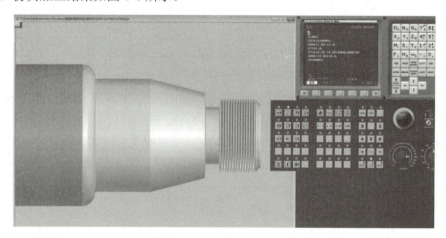

图 1-8　仿真加工结果

3．数控车床加工

将 NL161HC 数控车床通电，启动数控装置，执行回参考点操作，在刀架上安装 4 把加工刀具，手动安装对刀棒，完成 4 把刀具的对刀后卸下对刀棒，将阶梯轴加工程序输入数控装置，操作机器人将预车棒料（ϕ50mm×85mm）装在自定心卡盘上，完成阶梯轴的数控车床加工。操作机器人将加工完成的阶梯轴卸料，利用量具对阶梯轴进行加工质量检测，并填写阶梯轴加工检测表（表 1-9）。

表 1-9　阶梯轴加工检测表

零件名称		阶梯轴	
序号	检测项目	测量结果	是否合格
1	长度 20mm		
	40mm		
	60mm		
	5mm		
	(85 ± 0.027)mm		
2	直径 $\phi20$mm		
	$\phi40^{+0.009}_{-0.030}$mm		
	$\phi50^{0}_{-0.039}$mm		
3	锥度 30/40		
4	圆弧 $R5$		
5	螺纹 M26×2-6g		
6	表面粗糙度 $Ra3.2$		

1.3　评价反馈

学生互评表如表 1-10 所示。可在对应表栏内打"√"。

表 1-10　学生互评表

序号	评价项目	优秀（90%~100%）	良好（80%~90%）	合格（60%~80%）	未完成（<60%）
1	准备充分				
2	按计划时间完成任务				
3	引导问题填写完成量				
4	操作技能熟练程度				
5	最终完成作品质量				
6	团队合作与沟通				
7	6S 管理				

存在的问题：

说明：此表作为教师综合评价参考；表中的百分数表示任务完成率。

教师综合评价表如表 1-11 所示。可在对应表栏内打"√"。

表 1-11　教师综合评价表

序号	评价项目	优秀 （90%～100%）	良好 （80%～90%）	合格 （60%～80%）	未完成 （<60%）
1	准备充分				
2	按计划时间完成任务				
3	引导问题填写完成量				
4	操作技能熟练程度				
5	最终完成作品质量				
6	操作规范				
7	安全操作				
8	6S 管理				
9	创新点				
10	团队合作与沟通				
11	参与讨论主动性				
12	主动性				
13	展示汇报				

综合评价：

说明：共 13 个考核点，完成其中的 60%（即 8 个）及以上（即获得"合格"及以上）方为完成任务；如未完成任务，须再次重新开始任务，直至同组同学和教师验收合格为止。

知识链接

1. 数控车床坐标系

数控车床是两轴联动数控机床，数控车床坐标系（图 1-9）包括 X 轴和 Z 轴。Z 轴为主轴回转中心线方向，正方向为刀具离开工件的方向；X 轴方向在工件的径向上，且平行于横向滑板，正方向为刀具离开工件的方向。

机床原点是指机床坐标系的原点，是机床上的一个固定点。它不仅是在机床上建立工件坐标系的基准点，还是机床调试和加工时的基准点。数控车床的机床原点设在卡盘端面与主轴中心线的交点处。

机床参考点是机床制造厂家在每个进给轴上用限位开关精确调整好的点，坐标值已输入数控系统中，机床参考点相对机床原点的坐标是一个已知数。

编程原点是编程时指定的一个固定点，数控车床编程原点一般设置在毛坯右端面中心，以编程原点为基准确定加工时刀位点的 X、Z 坐标值。

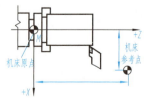

图 1-9　数控车床坐标系

2. 加工方案

零件表面的加工方案取决于其结构形状、加工精度等级、表面粗糙度要求、热处理要求等，不同的加工方案所达到的经济加工精度和生产率是不同的，在保证加工质量的前提下，加工方案应满足生产率和经济性要求。表 1-12 为外圆表面加工方案。

表 1-12　外圆表面加工方案

加工方案	经济精度公差等级	表面粗糙度 Ra/μm	适用范围
粗车	IT13～IT11	100～50	
粗车—半精车	IT9～IT8	6.3～3.2	适用于除淬火钢以外的金属材料
粗车—半精车—精车	IT8～IT7	1.6～0.8	
粗车—半精车—精车—滚压（抛光）	IT7～IT6	0.20～0.08	
粗车—半精车—磨削	IT7～IT6	0.80～0.40	不宜用于有色金属，主要适用于淬火钢件加工
粗车—半精车—粗磨—精磨	IT7～IT5	0.40～0.10	
粗车—半精车—粗磨—精磨—超精磨	IT5	0.10～0.012	
粗车—半精车—精车—金刚车	IT6～IT5	0.40～0.25	主要用于有色金属的加工
粗车—半精车—粗磨—精磨—镜面磨	IT5 以上	0.20～0.025	主要用于高精度要求的钢件加工
粗车—半精车—粗磨—精磨—研磨	IT5 以上	0.10～0.05	
粗车—半精车—粗磨—精磨—粗研—抛光	IT5 以上	0.40～0.025	

3. 切削用量

在切削加工过程中，切削用量包括切削速度 v_c、进给量 f、背吃刀量 a_p，它们称为切削用量三要素。合理选择数控车床加工过程中的切削用量，可以充分发挥机床和刀具的潜力，在保证加工质量的前提下，提高加工效率，降低加工成本。

切削速度 v_c 的单位为 m/min，数控车床的切削速度 v_c 与主轴转速 n 的换算公式为

$$v_c = (\pi D n)/1000$$

进给量 f 称为每转进给量，单位为 mm/r。进给量也可以用每分钟进给速度 v_f 表示，单位为 mm/min。每转进给量 f 与每分钟进给速度 v_f 的换算公式为

$$v_f = fn$$

采用数控车床加工时，应根据刀具材料、工件材料、机床规格确定每道工序的切削用量。通过查阅相关切削用量选用推荐表的方式进行合理选择，也可以结合实际经验用类比法确定切削用量。

（1）切削速度 v_c

采用硬质合金车刀粗车 45 钢工件的切削速度一般为 100m/min 左右，精车的切削速度一般为 140m/min 左右。

（2）进给量 f

对一般钢材来说，粗车进给量一般选择 0.2～0.4mm/r，精车进给量一般选择 0.05～0.1mm/r。

（3）背吃刀量 a_p

数控车削粗加工的背吃刀量一般为 4～10mm（双边），半精加工的背吃刀量一般为 1～

2mm（双边），精加工的背吃刀量一般为 0.2～1mm（双边）。

切削螺纹的进给次数与背吃刀量的关系如表 1-13 所示。

表 1-13　切削螺纹的进给次数与背吃刀量的关系

公制螺纹　牙深=0.6495P（P 为螺距）					
螺距	1.0	1.5	2	2.5	3
牙深	0.649	0.974	1.299	1.624	1.949
进刀次数及背吃刀量　1 次	0.7	0.8	0.9	1.0	1.2
2 次	0.4	0.6	0.6	0.7	0.7
3 次	0.2	0.4	0.6	0.6	0.6
4 次		0.16	0.4	0.4	0.4
5 次			0.1	0.4	0.4
6 次				0.15	0.4
7 次					0.2

4. 刀具

（1）刀具材料

常用的刀具材料包括高速钢和硬质合金两种。

1）高速钢。高速钢在复杂刀具和精加工刀具中占有主要地位。典型钢号包括 W18Cr4V、W9Mo3Cr4V3Co10 等。

2）硬质合金。硬质合金是高速切削时常用的刀具材料，硬质合金常用牌号包括：

① YG 类，YG6 和 YG8 用于加工铸铁及有色金属，YG6A 和 YG8A 可用于加工硬铸铁和不锈钢等；

② YT 类，YT5、YT15 和 YT30 等，主要用于加工钢料；

③ YW 类，YW1 和 YW2 等，广泛用于加工铸铁、有色金属、各种钢及其合金等。

（2）车刀类型

车刀类型及外观如图 1-10 和图 1-11 所示。

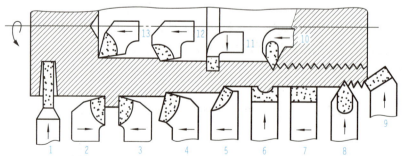

1、11—车槽刀、切断刀；2、3—90°偏刀；4、9—弯头车刀；5—直头车刀；
6、7—成形车刀；8、10—螺纹车刀；12、13—内孔镗刀。

图 1-10　车刀类型

图 1-11　常用数控车刀外形

车刀按照结构分为整体式车刀、焊接式车刀、机夹式车刀、可转位车刀、成形车刀等。数控车床加工广泛采用硬质合金机夹可转位车刀。

5. 数控车床编程指令

（1）模态指令和非模态指令

1）模态指令指在某行输入后，在此后的程序段内一直有效，直到出现下一个同组的模态指令后才失效的指令，如 G01、G41、G42、G40 及 F、S 指令等。

2）非模态指令指该指令只在其出现的程序段中有效，通俗地讲就是一次性使用，如 M00 指令。

（2）准备功能（G 功能）

1）快速点位移动指令 G00。

格式：G00　X(U)　Z(W)；

其中：X(U)、Z(W) 为目标点坐标。

2）直线插补指令 G01。

格式：G01　X(U)　Z(W)　F；

其中：X(U)、Z(W) 为目标点坐标；F 为进给量。

3）圆弧插补指令 G02（顺时针圆弧插补）、G03（逆时针圆弧插补）。

格式一：G02(G03)　X(U)　Z(W)　R　F；

其中：X(U)、Z(W) 为目标点坐标；R 为圆弧半径；F 为进给量。

格式二：G02(G03)　X(U)　Z(W)　I　K　F；

其中：X(U)、Z(W) 为目标点坐标；I、K 为圆心相对圆弧起点的坐标增量；F 为进给量。

当圆弧对应圆心角 $\alpha \leqslant 180°$ 时，R 取正值。

当 $180° < \alpha < 360°$ 时，R 取负值。

半径编程法只能用于非整圆编程，整圆编程时需要用 I、K 编程法。

4）外圆粗车循环指令 G71。

格式：G71　U(Δd)　R(e)；

　　　G71　P(ns)　Q(nf)　U(Δu)　W(Δw)　F；

其中：Δd 为粗加工背吃刀量（半径指定）；e 为退刀量；ns 为精加工程序组的第一个程序段号；nf 为精加工程序组的最后一个程序段号；Δu 为 X 轴方向精加工余量（直径值）；Δw 为 Z 轴方向精加工余量；F 为粗车进给量。

5）外圆精车循环指令 G70。

格式：G70　P(ns)　Q(nf)　F；

其中：ns 为精加工程序组的第一个程序段号；nf 为精加工程序组的最后一个程序段号；F 为精车进给量。

6）切槽循环指令 G75。

格式：G75　R(e)；

　　　G75　X(U)　Z(W)　P(Δi)　Q(Δk)　F；

其中：X(U)、Z(W)为目标点坐标；e 为退刀量；Δi 为 X 轴方向间断切削长度（无正负）；Δk 为 Z 轴方向间断切削长度（无正负）；F 为进给量。

7）复合螺纹切削循环指令 G76。

格式：G76　P(m)(r)(α)　Q(Δdm)　R(d)；

　　　G76　X(U)　Z(W)　P(k)　Q(Δd)　F(f)；

其中：m 为精加工重复次数；r 为倒角量；α 为刀尖角；Δdm 为最小切入量，单位为μm；d 为精加工余量，单位为 mm；X(U)、Z(W)为螺纹终点坐标；k 为螺纹牙高度（X 轴方向半径值），单位为μm；Δd 为第一次切入量（X 轴方向半径值，从外径开始计算切入量），单位为μm；f 为螺纹导程。

直 击 工 考

车工（数控）中级职业资格操作技能考核试题
螺纹轴数控车床加工

1. 考核分值：100 分。

2. 考核时间：300 分钟。

3. 具体考核要求：按照零件图完成数控车床加工操作。

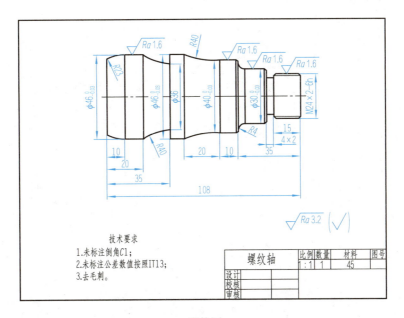

零件图

4. 评分记录表

序号	考核项目	配分	评分标准	检测结果	得分
1	工艺路线	20	工序划分合理、工艺路线正确得 5 分，制定不合理适当扣分； 刀具类型及规格选择合理得 4 分，在对加工影响较大的工序中使用的刀具选择错误，每处扣 1 分； 定位及装夹合理得 3 分，1 处不当扣 1 分； 量具选择合理得 4 分，1 处不当扣 1 分； 切削用量选择基本合理得 4 分，不当且对加工精度影响较大的 1 处扣 1 分		
2	$\phi 46_{-0.03}^{0}$ 两处	10	每超差 0.01 扣 2 分		
3	$\phi 40_{-0.03}^{0}$	5	每超差 0.01 扣 2 分		
4	$\phi 30_{-0.03}^{0}$	5	每超差 0.01 扣 2 分		
5	M24×2	5	不合格不得分		
6	槽 4×2	4	不合格不得分		
7	R23	4	不合格不得分		
8	R4	4	不合格不得分		
9	R40	4	不合格不得分		
10	自由尺寸	8	1 处不合格扣 1 分		
11	倒角	4	1 处不合格扣 1 分		
12	表面粗糙度	8	1 处不合格扣 1 分，扣完为止		
13	其他磕、碰、夹伤、未去毛刺等	5	酌情扣分		
14	职业素质	10	按照数控车床规范操作评分		
	合计配分	100			

评分人：　　　　　年　月　日　　　核分人：　　　　　年　月　日

六方台模板加工中心编程与加工

【项目导读】

加工中心是在数控铣床的基础上发展而来的一种配备刀库和自动换刀装置的高效数控机床。加工中心的特点是加工工序高度集中，能够将铣削、镗削、钻削、螺纹加工等多种加工方法集成为一体，不仅适用于平面轮廓、曲面轮廓零件的加工，还广泛应用于箱体、壳体、凸轮、模具、叶轮、螺旋槽等复杂零件的加工。

【学习目标】

1. 掌握加工中心加工工艺分析方法；
2. 掌握加工中心编程的基本方法；
3. 能合理制定六方台模板的数控加工工艺；
4. 能运用加工中心基本编程指令编写六方台模板的数控加工程序；
5. 能进行六方台模板的数控仿真加工；
6. 能操作加工中心完成六方台模板的加工；
7. 能利用量具对六方台模板进行加工质量检测。

2.1 工作任务分析

2.1.1 任务内容

如图 2-1 所示的六方台模板，毛坯尺寸为 100mm×80mm×15mm，底面、四方轮廓已加工，工件材料为 45 钢。识读六方台模板零件图，熟悉零件的结构形状、材料、技术要求；分析零件的数控加工工艺，选择合适的加工方法，确定工件定位和夹紧方案，合理安排加工路线，合理选择切削用量，正确选择刀具、工具、量具，制定加工中心加工工艺；编写加工中心加工程序，利用数控仿真软件验证加工程序；操作加工中心完成六方台模板加工，利用量具对六方台模板进行加工质量检测。

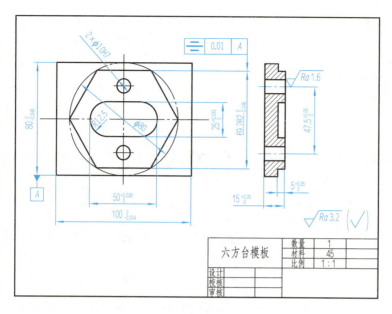

图 2-1　六方台模板零件图

2.1.2　任务解析

问题 1　六方台模板加工部位的最高尺寸精度等级是_____，最高表面粗糙度要求是_____。

问题 2　为满足六方台模板的对称度要求，编程原点应选择在_____。

问题 3　六方台模板夹紧定位时，以_____为定位基准，并用_____支撑底面，用_____夹紧工件两侧面，工件上表面高出钳口_____mm 左右，固定于加工中心工作台上。

问题 4　根据六方台模板的加工要求，内、外轮廓表面加工应该选择的加工方案是_____。

　　A．粗铣外轮廓—精铣外轮廓—粗铣内轮廓—精铣内轮廓

　　B．粗铣外轮廓—粗铣内轮廓—精铣外轮廓—精铣内轮廓

　　C．粗铣内轮廓—精铣内轮廓—粗铣外轮廓—精铣外轮廓

　　D．精铣内轮廓—粗铣内轮廓—精铣外轮廓—粗铣外轮廓

问题 5　根据六方台模板的加工要求，内孔加工应该选择的加工方案是_____。

　　A．钻孔　　　　　　　　　　　B．钻孔—镗孔

　　C．钻中心孔—钻孔—铰孔　　　D．钻孔—扩孔

问题 6　为保证精度，加工时应将粗、精加工分开。轮廓精度（即 XY 方向）通过_____保证，高度方向精度通过_____保证。

2.2　实践操作

2.2.1　实施准备

1. 设备和工具

VM702S 加工中心（FANUC 0i-MF 系统）、45 钢方料（100mm×80mm×15mm，底面、四方轮廓已加工）、量具（游标卡尺、外径千分尺、内径千分尺、深度尺、表面粗糙度样板）、工具（刀具、刀柄、刀座、月牙扳手等）。

2. 实施要点

问题 1　将六方台模板的加工路线填写完整：_____ — _____ — _____ —
_____ — _____ — _____ — _____。

问题 2　正确选择六方台模板加工中心加工的刀具，将刀具卡（表 2-1）填写完整。

表 2-1　刀具卡

序号	刀具号	刀具名称	规格	数量	加工内容
1					
2					
3					
4					

说明：因单件生产，为减少换刀时间，六方台模板内外轮廓加工选用同一把刀具。

问题 3　合理选择六方台模板加工中心加工的切削用量，将切削用量表（表 2-2）填写完整。

表 2-2　切削用量表

序号	工步内容	主轴转速/（r/min）	进给速度/（mm/min）	背吃刀量/mm
1				
2				
3				
4				
5				

问题 4　加工中心编程初始化的指令是_____。

问题 5　定义加工中心编程坐标原点的指令是_____。

问题 6　在表 2-3 中填写加工中心换刀指令。

表2-3 加工中心换刀指令

程序段号	程序	说明

问题7 长度补偿的指令是_____，取消长度补偿的指令是_____；半径补偿的指令是_____，取消半径补偿的指令是_____。

问题8 完成图2-2所示的凸台轮廓加工编程，编程原点为工件上表面中心，并将表2-4填写完整。

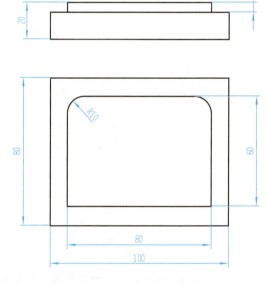

图2-2 凸台轮廓加工编程

表2-4 凸台轮廓加工编程

程序段号	程序	说明
......	......	......
N30	G43 G00 Z50.0 H01；	建立刀具长度补偿
N35	G00 X-40.0 Y-60.0 M08；	刀具快速定位到加工起点位置，开切削液
N40	G01 Z5.0 F500；	移动到距工件表面5mm高度
N45	G01 Z-5.0 F200；	刀具到达加工端面
N50		
N55		
N60		
N65		
N70		
N75		

续表

程序段号	程序	说明
N80		
N85		
N90		
……	……	……

问题 9　完成图 2-3 所示的内轮廓（ϕ40 圆槽轮廓）加工编程，编程原点为工件上表面中心，并将表 2-5 填写完整。

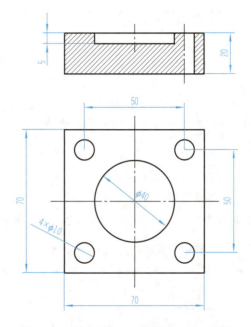

图 2-3　内轮廓（ϕ40 圆槽轮廓）加工编程

表 2-5　内轮廓（ϕ40 圆槽轮廓）加工编程

程序段号	程序	说明
……	……	……
N30	G43 G00 Z50.0 H01；	建立刀具长度补偿
N35		
N40		
N45		
N50		
N55		
N60		
N65		
N70		
……	……	……

问题 10　完成图 2-3 所示的内孔（$\phi10$）钻孔加工编程，编程原点为工件上表面中心，并将表 2-6 填写完整。

表 2-6　内孔（$\phi10$）钻孔加工编程

程序段号	程序	说明
……	……	……
N30	G43 G00 Z50.0 H02；	建立刀具长度补偿
N35		
N40		
N45		
N50		
N55		
N60		
N65		
……	……	……

2.2.2　实施步骤

1．加工程序编制

1）编写六方台模板外轮廓粗、精加工程序，将表 2-7 填写完整。

表 2-7　外轮廓粗、精加工程序

程序名称	O2001	
程序段号	程序	说明
N5		
N10		
N15		
N20		
N25		
N30		
N35		
N40		
N45		
N50		
N55		
N60		
N65		
N70		
N75		
N80		

续表

程序段号	程序	说明
N85		
N90		
N95		
N100		
N105		
N110		

注意：外轮廓粗、精加工使用同一个程序，粗、精加工采用不同刀具半径补偿值。粗加工刀具半径补偿设置为刀具半径+0.15mm，精加工按实际加工精度取值。

2）编写六方台模板内轮廓粗、精加工程序，将表 2-8 填写完整。

表 2-8 内轮廓粗、精加工程序

程序名称	O2002	
程序段号	程序	说明
N5		
N10		
N15		
N20		
N25		
N30		
N35		
N40		
N45		
N50		
N55		
N60		
N65		
N70		
N75		
N80		
N85		
N90		
N95		
N100		
N105		
N110		
N115		

注意：内轮廓粗、精加工使用同一个程序，粗、精加工采用不同刀具半径补偿值。粗加工刀具半径补偿设置为刀具半径+0.15mm，精加工按实际加工精度取值。

3）编写六方台模板内孔加工程序，将表2-9填写完整。

表2-9　内孔加工程序

程序名称	O2003	
程序段号	程序	说明
N5		
N10		
N15		
N20		
N25		
N30		
N35		
N40		
N45		
N50		
N55		
N60		
N65		
N70		
N75		
N80		
N85		
N90		
N95		
N100		
N105		
N110		
N115		
N120		
N125		

2．加工程序验证

（1）验证准备

加工程序验证准备如图2-4所示。

1）打开数控仿真软件，进入加工中心仿真界面；

2）设置毛坯尺寸为100mm×80mm×15mm；

3）设置T01（D16键槽铣刀）、T02（D3中心钻）、T03（D9.8钻头）、T04（D10铰刀）的刀具参数，将刀具装上刀库；

图 2-4　加工程序验证准备

4）对刀，设置 G54 编程原点，将 T01 的半径补偿数值输入数控系统，将 4 把刀具的 Z 轴长度补偿数值输入数控系统；

5）将六方台模板的数控加工程序导入加工中心仿真系统。

（2）仿真加工

各项准备工作完成后，进入自动加工模式，按"循环启动"键进行六方台模板加工中心仿真加工。仿真加工结果如图 2-5 所示。

图 2-5　仿真加工结果

3．加工中心加工

VM702S 加工中心（FANUC 0i-MF 系统）通电，启动数控装置，执行回参考点操作，在刀库中安装 4 把加工刀具，在平口虎钳上手动安装对刀模板，完成 4 把刀具的对刀后卸下对刀模板，将六方台模板的加工程序输入数控装置，操作机器人将毛坯（100mm×80mm×15mm）装在平口虎钳上，完成六方台模板的加工中心加工。操作机器人将加工完成的六方台模板卸料，利用量具对六方台模板进行加工质量检测，并填写六方台模板加工检测表（表 2-10）。

表 2-10　六方台模板加工检测表

零件名称		六方台模板	
序号	检测项目	测量结果	是否合格
1	长度　$50_{0}^{+0.039}$		
	$25_{0}^{+0.033}$		
	$69.282_{-0.046}^{0}$		
	$47.5_{0}^{+0.05}$		
2	直径　$\phi10_{0}^{+0.015}$		
3	深度　$5_{0}^{+0.05}$		
4	表面粗糙度　$Ra1.6$		
	$Ra3.2$		

2.3　评价反馈

学生互评表如表 2-11 所示。可在对应表栏内打"√"。

表 2-11　学生互评表

序号	评价项目	优秀（90%～100%）	良好（80%～90%）	合格（60%～80%）	未完成（<60%）
1	准备充分				
2	按计划时间完成任务				
3	引导问题填写完成量				
4	操作技能熟练程度				
5	最终完成作品质量				
6	团队合作与沟通				
7	6S 管理				

存在的问题：

说明：此表作为教师综合评价参考；表中的百分数表示任务完成率。

教师综合评价表如表 2-12 所示。可在对应表栏内打"√"。

表 2-12 教师综合评价表

序号	评价项目	优秀 （90%～100%）	良好 （80%～90%）	合格 （60%～80%）	未完成 （<60%）
1	准备充分				
2	按计划时间完成任务				
3	引导问题填写完成量				
4	操作技能熟练程度				
5	最终完成作品质量				
6	操作规范				
7	安全操作				
8	6S 管理				
9	创新点				
10	团队合作与沟通				
11	参与讨论主动性				
12	主动性				
13	展示汇报				

综合评价：

说明：共 13 个考核点，完成其中的 60%（即 8 个）及以上（即获得"合格"及以上）方为完成任务；如未完成任务，则须再次重新开始任务，直至同组同学和教师验收合格为止。

知识链接

1. 加工中心的工艺特点

加工中心的主要工作是进行平面铣削和轮廓铣削，也可以对零件进行钻孔、扩孔、铰孔、镗孔、锪孔、螺纹加工等。经过粗铣—精铣之后，尺寸精度可达 IT9～IT7 级，表面粗糙度 Ra 可达 6.3～1.6μm。

2. 夹具

在加工中心上使用的夹具包括平口虎钳［图 2-6（a）］、压板［图 2-6（b）］、自定心卡盘［图 2-6（c）］、专用夹具等，加工时根据零件的形状选择合适的夹具进行定位夹紧。

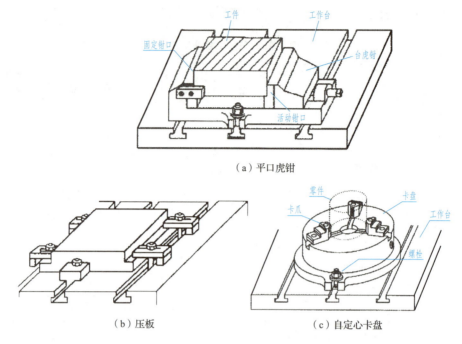

（a）平口虎钳

（b）压板　　　　　　　　　　　　（c）自定心卡盘

图 2-6　加工中心常用夹具

3. 刀具

（1）加工中心常用刀具

加工中心常用刀具如图 2-7 所示。

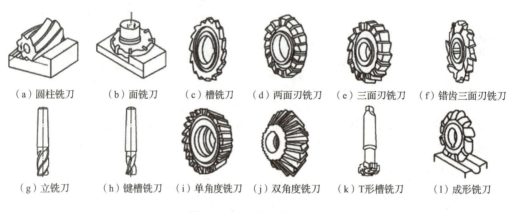

（a）圆柱铣刀　　（b）面铣刀　　（c）槽铣刀　　（d）两面刃铣刀　　（e）三面刃铣刀　　（f）错齿三面刃铣刀

（g）立铣刀　　（h）键槽铣刀　　（i）单角度铣刀　　（j）双角度铣刀　　（k）T形槽铣刀　　（l）成形铣刀

图 2-7　加工中心常用刀具

（2）刀具选择原则

1）应选择安装调整方便、可靠性好、刚性好、耐用度和精度高的刀具。在满足加工要求的前提下，尽量选择刀柄较短的刀具，以增强其刚性。一般情况下，粗加工时尽量选择较大直径的铣刀，装刀时刀具伸出的长度尽可能短，以保证足够的刚度，避免出现弹刀现象；精加工时选择较小直径的铣刀，同时要结合被加工区域的深度，确定最短的刀刃长度及刀柄夹持部分的长度，选择现有最合适的铣刀。

2）应根据工件的表面形状尺寸选择刀具。要使刀具的尺寸与被加工件的表面尺寸相适应。加工平面零件周边的轮廓，常选择立铣刀；铣削平面，应选择硬质合金刀片铣刀。加工凸台、凹槽时，应选择高速钢立铣刀；加工曲面时，应选择球头铣刀。对一些立体型面和变斜面轮廓外形的加工，应选择盘形铣刀、圆鼻刀、平刀做粗加工，球头铣刀、环形铣刀、锥形铣刀做精加工。

4. 切削用量

铣削加工的切削用量包括切削速度、进给速度、背吃刀量、侧吃刀量。从刀具寿命出发，切削用量的选择方法是先选择背吃刀量或侧吃刀量，再选择进给速度，最后确定切削速度。

（1）背吃刀量 a_p 或侧吃刀量 a_e

一般采用立铣刀和端铣刀做粗加工时，侧吃刀量 a_e 为刀具直径的 50%～70%。

铣削加工的吃刀量如图 2-8 所示。

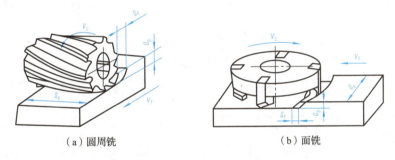

（a）圆周铣　　　　　　　　　　　（b）面铣

图 2-8　铣削加工的吃刀量

1）当工件的表面粗糙度要求为 $Ra25～12.5\mu m$ 时，粗铣时背吃刀量或侧吃刀量的选取原则：如果圆周铣削加工余量小于 5mm，端面铣削加工余量小于 6mm，那么粗铣一次进给就可以达到要求。但是在余量较大、工艺系统刚性较差或机床动力不足时，可分为两次进给完成。

2）当工件的表面粗糙度要求为 $Ra12.5～3.2\mu m$ 时，应分为粗铣和半精铣两步进行。粗铣时背吃刀量或侧吃刀量的选取原则：同 1）表面粗糙度要求为 $Ra25～12.5\mu m$ 时的。粗铣后留 0.5～1.0mm 余量，在半精铣时切除。

3）当工件的表面粗糙度要求为 $Ra3.2～0.8\mu m$ 时，应分为粗铣、半精铣和精铣三步进行。半精铣时背吃刀量或侧吃刀量取 1.5～2mm；精铣时，圆周铣侧吃刀量取 0.3～0.5mm，面铣刀背吃刀量取 0.5～1mm。

（2）进给速度

1）每齿进给量 f_z：铣刀每转一个刀齿时，工件与铣刀沿进给方向的相对位移量，单位为 mm/z。

2）每转进给量 f：铣刀每转一圈，工件与铣刀沿进给方向的相对位移量，单位为 mm/r。

3）进给速度 v_f：单位时间内工件与铣刀沿进给方向的相对位移量，单位为 mm/min。

铣削时进给速度 v_f、每转进给量 f、每齿进给量 f_z 三者之间的关系为

$$f = f_z \cdot z, \quad v_f = n \cdot f = n \cdot f_z \cdot z$$

式中，z 为铣刀齿数；n 为主轴转速。

铣刀每齿进给量 f_z 参考值如表 2-13 所示。

表 2-13　铣刀每齿进给量 f_z 参考值

工件材料	f_z/mm			
	粗铣		精铣	
	高速钢铣刀	硬质合金铣刀	高速钢铣刀	硬质合金铣刀
钢	0.10～0.15	0.10～0.25	0.02～0.05	0.10～0.15
铸铁	0.12～0.20	0.15～0.30		

（3）切削速度

铣削加工的切削速度 v_c 可参考表 2-14 选取，也可参考有关切削用量手册中的经验公式通过计算选取。

表 2-14　铣削加工的切削速度 v_c 参考值

工件材料	v_c /（m/min）		说明
	高速钢铣刀	硬质合金铣刀	
20	20～45	150～190	1. 粗铣时取小值，精铣时取大值。
45	20～35	120～150	
40Cr	15～25	60～90	2. 工件材料强度和硬度高时取小值，反之取大值。
HT150	14～22	70～100	
黄铜	30～60	120～200	3. 刀具材料耐热性好时取大值，耐热性差时取小值
铝合金	112～300	400～600	
不锈钢	16～25	50～100	

5．孔加工工艺

孔加工一般作为扩孔、铰孔前的粗加工或螺纹底孔加工。常用的孔加工刀具是麻花钻、中心钻、镗刀、铰刀、丝锥等。麻花钻、中心钻用于钻孔加工，镗刀用于镗孔加工，铰刀用于铰孔加工，丝锥用于螺纹孔加工。

1）麻花钻。麻花钻的加工精度一般为 IT12，表面粗糙度 Ra 一般为 12.5μm。直柄一般用于小直径的钻头，锥柄用于大直径的钻头；按刀具材料分类，有高速钢钻头和硬质合金钻头。

2）中心钻。一般用在麻花钻钻孔前，在工件上先预钻一个凹坑，以保证钻孔的钻头引正，确保麻花钻的定位。

3）镗刀。镗孔粗加工精度为 IT13～IT11，Ra 12.5～6.3μm；半精镗的精度为 IT10～IT9，Ra 3.2～1.6μm；精镗的精度为 IT6，Ra 0.4～0.1μm。

4）铰刀。铰孔加工精度为 IT9～IT6，Ra 1.6～0.4μm。标准机用铰刀由工作部、颈部、

柄部组成，刀柄形式有直柄、锥柄、套式 3 种。孔径与铰孔余量如表 2-15 所示。

表 2-15 孔径与铰孔余量 （单位：mm）

孔径	$\phi8$ 以下	$\phi8 \sim \phi21$	$\phi21 \sim \phi32$	$\phi32$ 以上
铰孔余量	0.1~0.2	0.15~0.25	0.2~0.3	0.25~0.35

5）丝锥。丝锥是用于加工各种中、小尺寸内螺纹的刀具，有机用和手用之分。数控机床采用机用丝锥。

6. 编程主要指令

（1）加工坐标系选择指令 G54～G59

数控系统预定了 6 个工件坐标系 G54～G59，编程时可选择其中一个坐标系作为当前的工件坐标系。对刀时，必须通过偏置页面，预先将所使用的工件坐标系设置在寄存器。

编程格式：G54 G90 G00(G01) X__ Y__ Z__ ;

（2）刀具半径补偿指令 G41/G42/G40

刀具在移动加工过程中，刀具的中心与被加工工件的轮廓之间始终保持刀具的半径值，通常称为刀具半径补偿。G41 为刀具半径左补偿指令，G42 为刀具半径右补偿指令，G40 为取消刀具半径补偿指令。刀具半径补偿如图 2-9 所示。

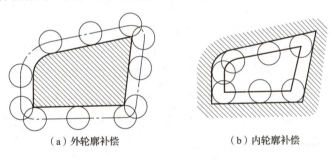

（a）外轮廓补偿　　　　　　　（b）内轮廓补偿

图 2-9 刀具半径补偿

编程格式：

建立刀具半径补偿 G41/G42 G00/G01 X__ Y__ D__ ;

注意事项：

1）建立和取消刀具半径补偿必须在指定平面中进行。刀具半径补偿的建立与取消不能和圆弧插补指令 G02、G03 一起使用，只能与 G00、G01 一起使用，而且刀具必须要移动，加工完成后必须用 G40 取消。

2）启用刀具半径补偿和取消刀具半径补偿时，刀具必须在所补偿的平面内移动，移动距离应大于刀具补偿值。

3）D 为刀具补偿号（或称刀具偏置代号地址字），后面常用两位数字表示。

4）沿着刀具的前进轨迹方向看，如果刀具中心在工件左边，则使用 G41 建立半径补偿；如果刀具中心在工件右边，则使用 G42 建立半径补偿。

（3）刀具长度补偿指令（G43/G44/G49）

加工中心一般装有多把刀，由于刀具长度不同，需要进行长度补偿。刀具长度补偿如

图 2-10 所示。

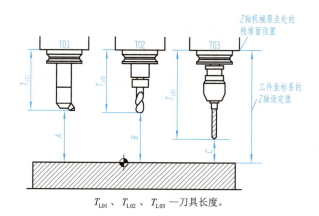

T_{L01}、T_{L02}、T_{L03}——刀具长度。

图 2-10 刀具长度补偿

编程格式:

建立刀具长度补偿 G43/G44 G00/G01 Z___ H___;

注意:当执行刀具长度补偿时,刀具移动的距离等于指令值加上长度补偿值;在同一段程序里有运动指令和长度补偿指令时,首先执行长度补偿指令,然后执行运动指令。

(4)孔加工循环指令

1)刀具运动与动作。在孔的加工过程中,刀具的运动可分为 6 个基本动作,如图 2-11 所示。①X、Y 坐标的快速定位;②快进到 R 平面;③工进,孔加工;④孔底动作,如进给暂停、刀具偏移、主轴准停、主轴反转等;⑤返回 R 点平面;⑥返回初始点。

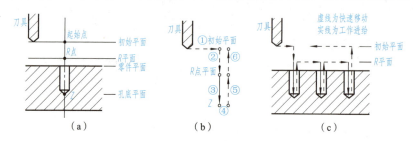

图 2-11 孔加工循环

2)孔加工固定循环指令基本格式:

G90(G91)G98(G99) G__ X__ Y__ Z__ R__ Q__ P__ F__ K__;

3)注意事项。

① G73、G74、G76 和 G80~G89 都是模态指令。

② X、Y 为指定孔在 X、Y 平面内的坐标位置。

③ Z 为指定孔的孔底坐标值。当使用 G91 编程时,Z 表示的是由 R 点到孔底的距离;在使用 G90 编程时,表示的是孔底的 Z 轴绝对坐标值。

④ R 表示 R 平面的位置,当使用 G91 编程时,它是指起始点到 R 点的增量;而使用

G90 编程时，表示 R 点的 Z 轴坐标值。

⑤ Q 在 G73、G83 中指定每次进给的深度；在 G76、G87 中指定刀具的位移量。

⑥ P 为进给暂停时间，最小单位为 1ms。

⑦ F 为进给速度，单位为 mm/min。

⑧ K 为固定循环的次数。只执行一次可以不写；若是 K0，则机床不会动作。

4）孔加工循环具体指令格式。

① 正常钻孔循环指令（G81/G82）：

```
G81 X__ Y__ Z__ R__ F__ K__;
G82 X__ Y__ Z__ R__ P__ F__ K__;
```

② 深孔往复排屑钻循环指令（G73/G83）：

```
G73 X__ Y__ Z__ R__ Q__ F__ K__;
G83 X__ Y__ Z__ R__ Q__ F__ K__;
```

③ 镗孔循环指令：

```
G85 X__ Y__ Z__ R__ F__ K__;
```

直 击 工 考

铣工（数控铣床）中级职业资格操作技能考核试卷

注意事项

一、本试卷依据 2005 年颁布的《数控铣工》国家职业标准命制。

二、请根据试题考核要求，完成考试内容。

三、请服从考评人员指挥，保证考核安全顺利进行。

试题 1　零件加工

1．本题分值：100 分。

2．考核时间：180 分钟。

3．考核形式：操作。

4．具体考核要求：根据零件图一完成加工。

5．否定项说明：

（1）出现危及考生或他人安全的状况将中止考试，如果是由考生操作失误所致，则考生该题成绩记零分；

（2）因考生操作失误导致设备故障且当场无法排除的，应中止考试，考生该题成绩记零分；

（3）因刀具、工具损坏而无法继续的，应中止考试。

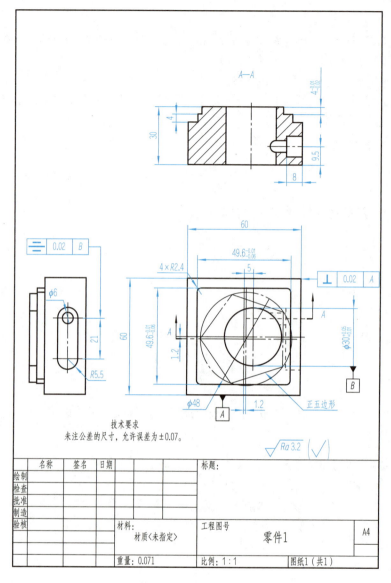

零件图一

试题 2 零件加工

1. 本题分值：100 分。

2. 考核时间：90 分钟。

3. 考核形式：操作。

4. 具体考核要求：

（1）根据零件图二在数控仿真系统上完成虚拟零件的加工；

（2）数控系统、机床由考生自选。

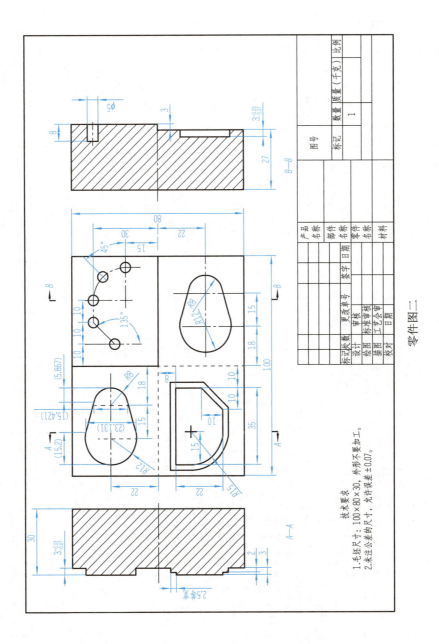

技术要求
1. 毛坯尺寸：100×80×30，外形不要加工。
2. 未注公差的尺寸，允许误差±0.07。

零件图二

铣工（数控铣床）中级职业资格操作技能考核评分记录表

考件编号：_____　姓名：_____　准考证号：_____　单位：_____

试题 1　零件加工

（1）操作技能考核总成绩表

序号	项目名称	配分	得分	备注
1	现场操作规范	10		
2	工件质量	90		
	合计	100		

（2）现场操作规范评分表

序号	项目	考核内容	配分	考场表现	得分
1		正确使用机床	2		
2	现场操作规范	正确使用量具	2		
3		合理使用刀具	2		
4		设备维护保养	4		
	合计		10		

（3）工件质量评分表

序号	考核项目	扣分标准	配分	得分
1	60×60 正方形	每超差 0.02 扣 1 分	6	
2	49.6×49.6 正方形	每超差 0.01 扣 1 分	12	
3	$4^{-0.01}_{-0.02}$	高度每超差 0.02 扣 1 分	8	
4	1.2	中心位置偏移每超差 0.02 扣 1 分	4	
5	正五边形	外接圆直径每超差 0.05 扣 2 分	6	
6	4	每超差 0.05 扣 1 分	4	
7	$\phi30^{+0.05}_{+0.01}$ 通孔	孔径每超差 0.02 扣 1 分	10	
8	侧面槽长、宽度	各项每超差 0.05 扣 1 分	6	
9	侧面槽深度	每超差 0.05 扣 1 分	4	
10	侧面 $\phi6$ 通孔	没有成形全扣，位置每超差 0.05 扣 1 分	6	
11	对 A 面垂直度	每超差 0.02 扣 1 分	8	
12	对 B 对称度	每超差 0.02 扣 1 分	8	
13	表面粗糙度	加工部位30%不达要求扣 1 分，50%不达要求扣 2 分，75%不达要求扣 4 分，超过75%不达要求全扣	8	
	合计		90	

评分人：_____　年　月　日　核分人：_____　年　月　日

试题2 零件加工

序号	考核项目		配分
1	数控加工工艺制定	根据数控加工工艺制定的合理性进行评分	20
2	CAM 软件加工参数设置	根据 CAM 软件加工参数设置的合理性进行评分	20
3	数控程序生成	根据数控加工程序的生成结果进行评分	20
4	零件数控仿真加工	根据数控仿真软件的零件数控仿真加工结果进行评分	40
	合计		100

评分人：　　　　　　　　年　月　日　　　　　核分人：　　　　　　　　年　月　日

总成绩表

序号	试题名称	配分	得分	权重	最后得分	备注
1	零件加工	60				
2	零件加工	40				
	合计	100				

统分人：　　　　　　　　　　　　　　　　　　年　月　日

十字轮轴数控车床-加工中心编程与加工

【项目导读】

计算机辅助制造（computer aided manufacturing，CAM）是将计算机技术应用于产品加工制造全过程的技术体系，其核心内容包括 CAPP、NC 编程、生产计划制订以及资源需求计划制订等方面。该技术通过提高生产制造的自动化程度，显著提升了产品质量和生产效率。运用 CAM 软件自动编制零件的数控加工程序是计算机辅助制造的重要工作任务。

【学习目标】

1. 掌握数控加工工艺分析方法；
2. 掌握 CAM 软件自动编程的基本操作方法；
3. 能合理制定十字轮轴的数控加工工艺；
4. 能运用 CAM 软件编制十字轮轴的数控加工程序；
5. 能运用 CAM 软件进行十字轮轴的数控仿真加工；
6. 能操作数控车床、加工中心完成十字轮轴的数控加工；
7. 能利用量具对十字轮轴进行加工质量检测。

3.1 工作任务分析

3.1.1 任务内容

如图 3-1 所示的十字轮轴，材料为 45 钢。识读十字轮轴零件图，熟悉十字轮轴的结构形状、材料、技术要求；分析十字轮轴的数控加工工艺，选择合适的加工方法，确定工件定位和夹紧方案，合理安排加工路线，合理选择切削用量，正确选择刀具、工具、量具，制定十字轮轴的数控加工工艺；运用 CAM 软件编制数控加工程序，进行数控仿真加工；操作数控车床、加工中心完成十字轮轴加工，利用量具对十字轮轴加工质量进行检测。

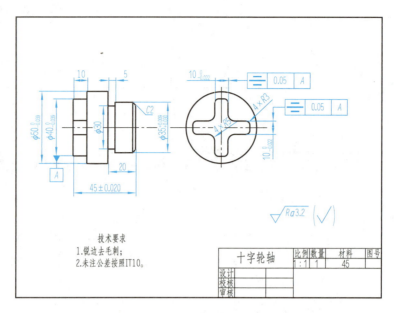

图 3-1　十字轮轴零件图

3.1.2　任务解析

问题　十字轮轴的加工部位形状包括_____，最高尺寸精度等级是_____，表面粗糙度要求是_____，位置精度要求是_____。

3.2　实践操作

3.2.1　实施准备

1. 设备和工具

NL161HC 数控车床（FANUC 0i-TF 系统）、VM702S 加工中心（FANUC 0i-MF 系统）、45 钢预加工棒料（外圆 ϕ50mm 和长度 45mm 加工到尺寸）、量具（游标卡尺、外径千分尺、圆弧样板、表面粗糙度样板）、工具（卡盘扳手、刀架扳手、平口虎钳夹紧扳手、月牙扳手）。

2. 实施要点

问题 1　将十字轮轴数控机床加工路线填写完整：_____—_____—_____—_____—_____。

问题 2　正确选择十字轮轴数控机床加工所需的刀具，将刀具卡（表 3-1）填写完整。

表 3-1　刀具卡

机床	序号	刀具号	刀具名称	规格	数量	加工内容
数控车床	1					
	2					
	3					
加工中心	1					
	2					

问题 3　合理选择十字轮轴数控机床加工的切削用量,将切削用量表(表 3-2)填写完整。

表 3-2　切削用量表

序号	工序	工步内容	主轴转速/(r/min)	进给速度/(mm/min)	背吃刀量/mm
1	车				
2					
3					
4	铣				
5					

3.2.2　实施步骤

1. 数控车床加工程序编制

运用 CAM 软件编制十字轮轴数控车床加工程序,将程序填入表 3-3。

表 3-3　十字轮轴数控车床加工程序

程序名称	O3001
程序内容	

2. 加工中心加工程序编制

运用 CAM 软件编制十字轮轴加工中心加工程序,将程序填入表 3-4。

表 3-4　十字轮轴加工中心加工程序

程序名称	O3002
程序内容	

3.　数控加工

操作 NL161HC 数控车床（FANUC 0i-TF 系统），在刀架上安装 3 把加工刀具，手动安装对刀棒，完成 3 把刀具的对刀后卸下对刀棒，将十字轮轴数控车床加工程序输入数控装置；操作 VM702S 加工中心（FANUC 0i-MF 系统），在刀库中安装 2 把加工刀具，手动安装对刀棒，完成 2 把刀具的对刀后卸下对刀棒，将十字轮轴加工中心加工程序输入数控装置。

操作机器人将加工棒料（外圆 $\phi50$mm 和长度 45mm 加工到尺寸）装上数控车床的自定心卡盘，完成十字轮轴的数控车床加工。操作机器人将数控车床加工完成的工件卸下，安装到加工中心带 V 形块的平口虎钳上，完成十字轮轴的加工中心加工。操作机器人将加工中心加工完成的十字轮轴卸下，利用量具对十字轮轴进行加工质量检测，填写十字轮轴加工检测表（表 3-5）。

表 3-5　十字轮轴加工检测表

零件名称		十字轮轴		
序号		检测项目	测量结果	是否合格
1	长度	20		
		10		
		5		
		45 ± 0.020		
2	直径	$\phi35^{+0.009}_{-0.030}$		
		$\phi30$		
		$\phi40^{0}_{-0.039}$		
		$\phi50^{0}_{-0.039}$		

续表

序号	检测项目		测量结果	是否合格
3	圆弧	$R5$		
		$R3$		
4	宽度	$10_{-0.022}^{0}$		
5	对称度	0.05		
6	表面粗糙度	$Ra3.2$		

3.3　评价反馈

学生互评表如表 3-6 所示。可在对应表栏内打"√"。

表 3-6　学生互评表

序号	评价项目	优秀（90%～100%）	良好（80%～90%）	合格（60%～80%）	未完成（<60%）
1	准备充分				
2	按计划时间完成任务				
3	引导问题填写完成量				
4	操作技能熟练程度				
5	最终完成作品质量				
6	团队合作与沟通				
7	6S 管理				

存在的问题：

说明：此表作为教师综合评价参考；表中的百分数表示任务完成率。

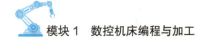

教师综合评价表如表 3-7 所示。可在对应表栏内打"√"。

表 3-7　教师综合评价表

序号	评价项目	优秀 （90%～100%）	良好 （80%～90%）	合格 （60%～80%）	未完成 （<60%）
1	准备充分				
2	按计划时间完成任务				
3	引导问题填写完成量				
4	操作技能熟练程度				
5	最终完成作品质量				
6	操作规范				
7	安全操作				
8	6S 管理				
9	创新点				
10	团队合作与沟通				
11	参与讨论主动性				
12	主动性				
13	展示汇报				

综合评价：

说明：共 13 个考核点，完成其中的 60%（即 8 个）及以上（即获得"合格"及以上）方为完成任务；如未完成任务，则须再
次重新开始任务，直至同组同学和教师验收合格为止。

知识链接

UG NX 12 CAM 功能操作流程如下。

（1）创建十字轮轴的三维模型和加工毛坯

创建图 3-2 所示的十字轮轴三维模型和加工毛坯。

图 3-2　三维模型和加工毛坯

（2）数控车床加工程序编制

1）进入数控车床加工模板。单击"应用模块"→"加工"按钮，弹出"加工环境"对话框，按照图 3-3 的设置进入数控车床加工模板。

2）设置加工坐标系。在工序导航器中单击"几何视图"按钮，按照图 3-4 设置加工坐标系，Z 轴向右、X 轴向前，坐标原点在工件右端面中心位置。

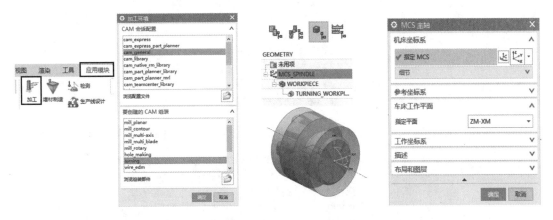

图 3-3　设置进入数控车床加工模板　　　　图 3-4　设置加工坐标系

3）创建部件和毛坯，如图 3-5 所示。

图 3-5　创建部件和毛坯

4）创建刀具。

① 单击"创建刀具"按钮，弹出"创建刀具"对话框，按照图 3-6 创建外圆粗车刀。

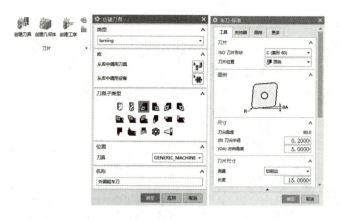

图 3-6　创建外圆粗车刀

② 单击"创建刀具"按钮,弹出"创建刀具"对话框,按照图 3-7 创建外圆精车刀。

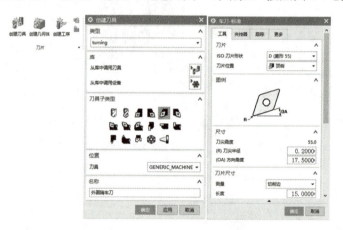

图 3-7　创建外圆精车刀

③ 单击"创建刀具"按钮,弹出"创建刀具"对话框,按照图 3-8 创建切槽车刀。

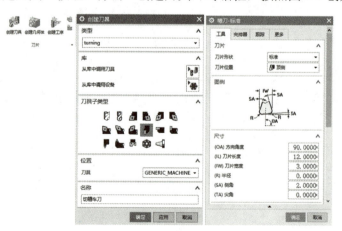

图 3-8　创建切槽车刀

5）创建工序。

① 单击"创建工序"按钮，弹出"创建工序"对话框，按照图 3-9 创建外圆粗车工序。

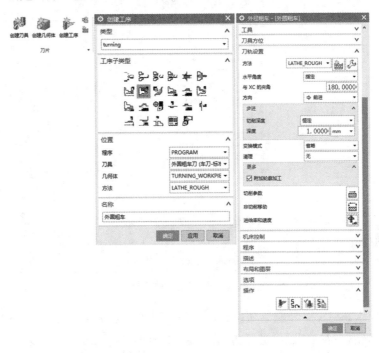

图 3-9　创建外圆粗车工序

② 单击"创建工序"按钮，弹出"创建工序"对话框，按照图 3-10 创建外圆精车工序。

图 3-10　创建外圆精车工序

③ 单击"创建工序"按钮，弹出"创建工序"对话框，按照图 3-11 创建切槽工序。

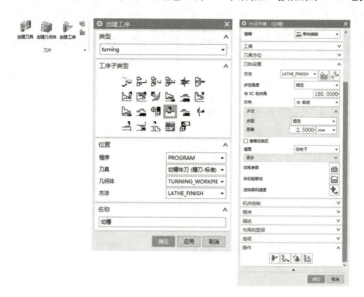

图 3-11　创建切槽工序

6）仿真加工。将工序导航器切换到程序顺序视图，选择 3 个数控车床加工程序，单击"确认刀轨"按钮，对加工过程进行仿真，结果如图 3-12 所示。

图 3-12　仿真加工

7）后处理。将工序导航器切换到程序顺序视图，选择 3 个数控车床加工程序，单击"后处理"按钮，弹出"后处理"对话框，输出数控车床加工程序，结果如图 3-13 所示。

图 3-13 后处理

（3）加工中心加工程序编制

1）设置加工坐标系。单击"创建几何体"按钮，弹出"创建几何体"对话框，按照图 3-14 设置加工坐标系。

图 3-14 设置加工坐标系

2）创建部件和毛坯。单击"创建几何体"按钮，弹出"创建几何体"对话框，按照图 3-15 创建部件和毛坯。

图 3-15 创建部件和毛坯

3）创建刀具。

① 单击"创建刀具"按钮，弹出"创建刀具"对话框，按照图 3-16 创建 ϕ10 立铣刀。

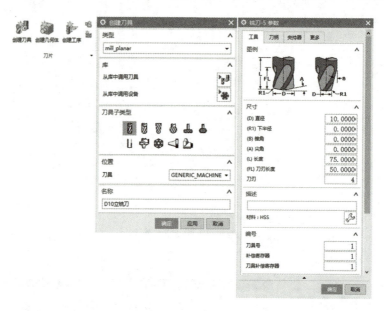

图 3-16 创建 ϕ10 立铣刀

② 单击"创建刀具"按钮，弹出"创建刀具"对话框，按照图 3-17 创建 ϕ6 立铣刀。

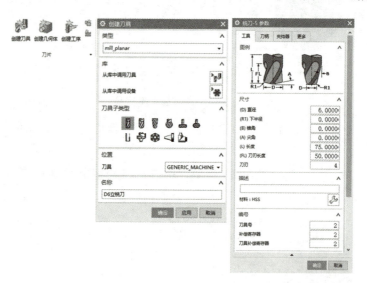

图 3-17 创建 ϕ6 立铣刀

4）创建工序。

① 单击"创建工序"按钮，弹出"创建工序"对话框，按照图 3-18 创建粗铣工序。

图 3-18　创建粗铣工序

② 单击"创建工序"按钮，弹出"创建工序"对话框，按照图 3-19 创建精铣工序。

图 3-19　创建精铣工序

5）仿真加工。将工序导航器切换到程序顺序视图，选择两个加工中心加工程序，单击"确认刀轨"按钮，对加工过程进行仿真，结果如图 3-20 所示。

6）后处理。将工序导航器切换到程序顺序视图，选择两个加工中心加工程序，单击"后处理"按钮，弹出"后处理"对话框，输出加工中心加工程序，结果如图 3-21 所示。

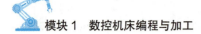

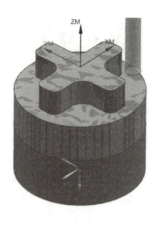

图 3-20　仿真加工

图 3-21　后处理

直 击 工 考

多轴数控加工职业技能等级（初级）实操考核任务书

一、考核要求

1. CAD/CAM 软件由考点提供，考生不得使用自带软件；考生根据清单自带刀具、夹具、量具、工具等，禁止使用清单中所列规格之外的刀具，否则考核师有权决定终止考核。

2. 考生考核场次和考核工位由考点统一安排。

3. 考核时间为连续 180 分钟。

4. 考生按规定时间到达指定地点，凭身份证进入考场。

5．考生考核前 15 分钟进入考核工位，清点工具，确认现场条件无误；考核时间到方可开始操作。考生迟到 15 分钟取消考核资格。

6．考生不得携带通信工具和其他未经允许的资料、物品进入考核场地，不得中途退场。如出现较严重的违规、违纪、舞弊等现象，考核师有权取消考核成绩。

7．考生自备劳服用品（工作服、安全鞋、安全帽、防护镜），考核时应按照专业安全操作要求穿戴个人劳保防护用品，并严格遵照操作规程进行考核，符合安全、文明生产要求。

8．考生的着装及所带用具不得出现标识。

9．考核时间为连续进行，包括数控编程、零件加工、检测和清洁整理时间；考生休息、饮食和如厕时间都计算在考核时间内。

10．考核过程中，考生须严格遵守相关操作规程，确保设备及人身安全，并接受考核师的监督和警示；如考生在考核中因违章操作出现安全事故，则取消其考核资格，成绩记零分。

11．机床在工作中产生故障或产生不正常现象时应立即停机，保持现场，同时应立即报告当值考核师。

12．考生完成考核项目后，提请考核师到工位处检查确认并登记相关内容，考核终止时间由考核师记录，考生签字确认；考生结束考核后不得再进行任何操作。

13．考生不得擅自修改数控系统内的机床参数。

14．考核师在考核结束前 15 分钟对考生做出提示。当听到考核结束指令时，考生应立即停止操作，不得以任何理由拖延考核时间。离开考核场地时，不得将草稿纸等与考核有关的物品带离考核现场。

二、考核内容

以批量加工中试切件为考核项目，根据零件图纸要求，以现场操作的方式，运用手工和 CAD/CAM 软件进行加工程序编制，操作多轴数控机床和其他工具，完成零件的加工和装配。

具体完成以下考核任务：

1．职业素养与文明生产。

2．执行数控加工工艺过程卡，完成图纸零件的数控加工。

3．零件编程及加工。

（1）按照任务书要求，完成零件的加工；

（2）零件主要尺寸精度、表面粗糙度达到合格要求；

（3）根据自检表完成零件的部分尺寸自检。

三、考核提供的考件及夹具要求

1. 毛坯为 $\phi60\times36$、内孔 $\phi18$ 的精毛坯，材料为铝 2A12，如下图所示。

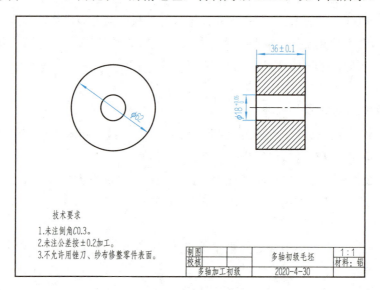

多轴数控加工（初级）毛坯

2. 考点提供加工需要的夹具，如下图所示。

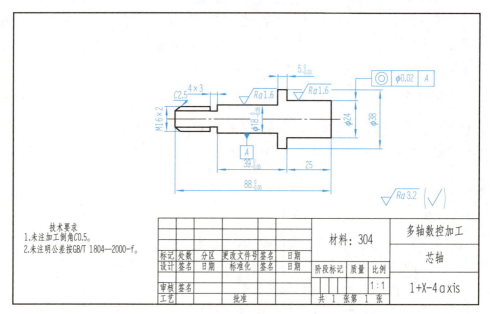

芯轴

四、考核工件图纸

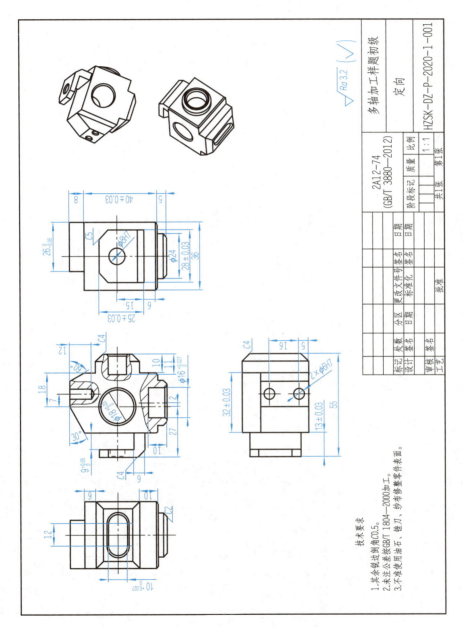

五、考核评分表

多轴数控加工考核评分表

项目	多轴数控加工	考核变更号码		得分	
评分人					
审核人				等级	

序号	考核项目	考核内容及要求		配分	评分标准	检测结果	扣分	得分	备注
1	零件 (90分)	完成情况 (25分)	(1)						
			(2)						
			(3)						
			(4)						
			(5)						
			(6)						
			(7)						
			(8)						
			(9)						
			(10)						
		表面粗糙度 (5分)							
		重要面尺寸 精度（60分）	(1)						
			(2)						
			(3)						
			(4)						
			(5)						
			(6)						
			(7)						
			(8)						
			(9)						
			(10)						
	合计								
2	安全文明 生产(10分)	文明生产 (5分)	(1)						
			(2)						
			(3)						
		规范操作 (5分)	(1)						
			(2)						
			(3)						
		其他	(1)						
			(2)						
	合计								

模块 2

工业机器人的编程与操作

工业机器人技术是实现自动化生产的关键技术，也是未来智能制造十大重点领域之一。在机加工自动生产线上，机器人常用于代替人工上下料。在进行生产线生产、安装与调试之前，须先掌握工业机器人独立单元的编程与操作。目前机器人品牌类型众多，本模块选用两种市面上常用的机器人系统品牌进行编程和操作。

【学习目标】

1. 掌握 ABB 系统、KEBA 系统机器人的编程操作方法；
2. 掌握 RAPID 程序指令、KEBA 程序指令的使用方法与功能；
3. 学会使用 Smart 组件创建动态夹具；
4. 学会进行 I/O System 信号的设置；
5. 掌握工业机器人装配和搬运的基本编程操作方法；
6. 熟练完成机器人的搬运编程和 I/O 口通信编程；
7. 学会解决实践过程中遇到的问题。

【素养目标】

1. 培养热爱本职工作，恪尽职守，讲究职业信誉，对技术和专业精益求精的职业精神；
2. 培养具有终身学习、勇于探索、艰苦奋斗、不畏艰难的工匠精神；
3. 培养发现问题、分析问题、解决问题的能力，培养创新能力；
4. 培养工科人文情怀和团结协作精神。

电机部件的搬运编程与仿真

【项目导读】

工业机器人虚拟仿真技术是指通过计算机对实际机器人系统进行模拟的技术。该技术利用计算机图形学技术建立机器人及其工作环境的模型，并运用机器人语言及相关算法，通过对图形的控制和操作，在离线状态下进行轨迹规划。虚拟仿真技术具有传统在线示教技术无法比拟的优势：可减少停机时间、提前验证作业程序、进行复杂轨迹规划等，目前已广泛应用于搬运、装配、焊接、涂装、码垛等领域。

【学习目标】

1. 了解 Smart 组件；
2. 学会使用 Smart 组件创建动态夹具；
3. 学会进行 I/O System 信号的设置；
4. 学会进行工作站逻辑设定；
5. 掌握空路径的设定；
6. 掌握 RAPID 模块机器人的仿真与运行设置方法。

4.1 工作任务分析

4.1.1 任务内容

本任务采用某公司生产的智能制造生产与管控 1+X 编程考证平台模型，在 RobotStudio 仿真软件里进行动态夹具的仿真编程与操作，如图 4-1 所示。机器人处于原点位置，提供电机成品零件，零件放在指定的位置上，要求进行动态夹具的设计，完成转子和端盖搬运装配到电机外壳的两次搬运，搬运完成后机器人回到原点位置。

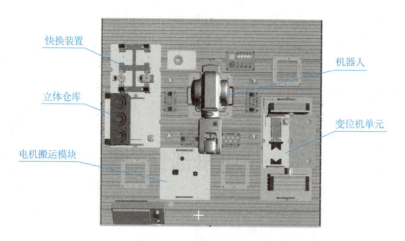

图 4-1　工业机器人工作站

电机装配工作站用于装配电机成品，电机成品由电机外壳 [图 4-2（a）]、电机转子 [图 4-2（b）] 和电机端盖 [图 4-2（c）] 组装而成，装配完成后的电机成品如图 4-2（d） 所示。

（a）电机外壳　　　（b）电机转子　　　（c）电机端盖　　　（d）电机成品

图 4-2　电机各零件及成品

4.1.2　任务解析

在 RobotStudio 中创建仿真工作站，夹具的动态效果主要由 Smart 组件来设定完成。 RobotStudio 中提供了一系列的 Smart 组件，它是一种使工装模型实现动画效果的高效工具。

本任务主要是设计一个具有 Smart 组件动态属性的手爪来进行产品的拾取和释放，实 现搬运功能，包括拾取产品、在放置位置释放产品、自动置位/复位手爪反馈信号的动态效果。

设定 Smart 组件与机器人端的信号通信，将 Smart 组件的输入/输出信号与机器人端的 输入/输出信号做信号关联。使 Smart 组件的输出信号作为机器人端的输入信号，机器人端 的输出信号作为 Smart 组件的输入信号，此时可将 Smart 组件当作一个与机器人进行 I/O 通 信的 PLC（programmable logical controller，可编程控制器）。

问题 1　根据仿真环境提供的蓝色电机位置，在图 4-3 所示的托盘放置位置打 "√"。

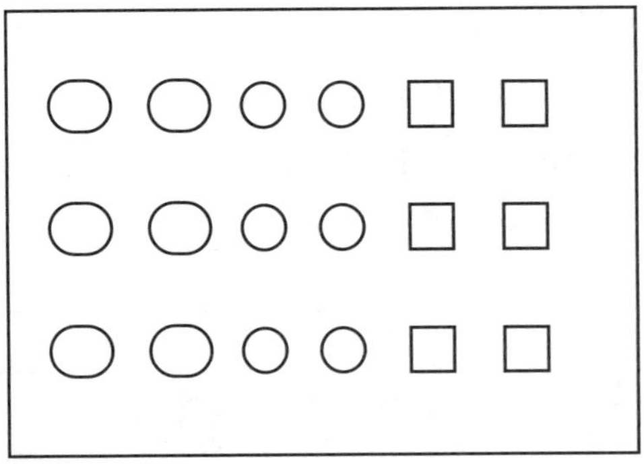

图 4-3　托盘放置位置

问题 2　电机搬运用到的工具是图 4-4 中的_____。

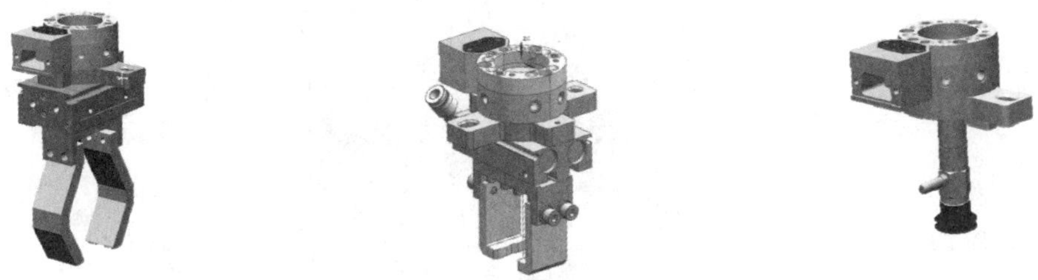

（a）弧口手爪工具　　　　　（b）平口手爪工具　　　　　（c）吸盘工具

图 4-4　手爪与吸盘工具

问题 3　解压工作站需要打开新的文件再解压吗？

_____

_____

问题 4　Smart 组件有什么作用？

_____

_____

4.2　实践操作

4.2.1　实施准备

1. 设备和工具

在智能制造生产与管控 1+X 编程考证平台模型中，搬运所需的手爪夹具和搬运对象模型需独立导入。打开 RobotStudio 仿真软件，导入模型，设置手爪与主盘的逻辑关系、手爪的开关逻辑关系，设定好手爪夹紧和松开的机械装置，创建趋于真实的仿真环境。

2. 实施要点

问题 1 机器人在空间中运动会用到哪几个编程指令？

_____

_____

_____

问题 2 在仿真软件中，可以直接拖动机器人到达手爪上方（图 4-5），对好位置后使用抓取手爪的指令 Set_____ WaitDI_____，为保证抓取稳固，需要在此等待 1s，采用_____指令。

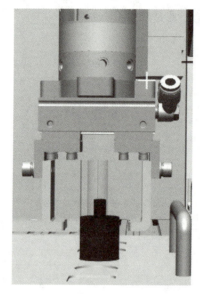

图 4-5 末端执行器抓取零件位置

问题 3 WaiTime、WaitDI/DO、Set、Reset 指令分别表示什么意思？

_____

_____

_____

问题 4 在哪个功能菜单下设置 I/O System 的信号？

_____

问题 5 在哪个功能菜单下设置机器人工作站？

_____

问题 6 工业机器人信号与 Smart 组件如何进行信号连接？

_____

4.2.2　实施步骤

1．解压工作站

操作步骤图示	说明
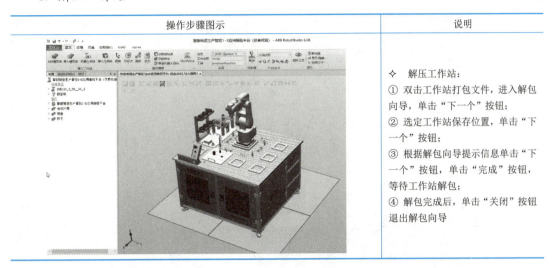	✧　解压工作站： ① 双击工作站打包文件，进入解包向导，单击"下一个"按钮； ② 选定工作站保存位置，单击"下一个"按钮； ③ 根据解包向导提示信息单击"下一个"按钮，单击"完成"按钮，等待工作站解包； ④ 解包完成后，单击"关闭"按钮退出解包向导

2．新建 Smart 组件

操作步骤图示	说明
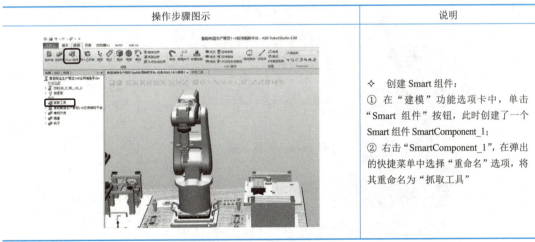	✧　创建 Smart 组件： ① 在"建模"功能选项卡中，单击"Smart 组件"按钮，此时创建了一个 Smart 组件 SmartComponent_1； ② 右击"SmartComponent_1"，在弹出的快捷菜单中选择"重命名"选项，将其重命名为"抓取工具"

注意：1. 创建一个 Smart 组件，先把平口爪夹具放入其中，再进行相应的设置；
　　　2. 在进行动态夹具的设定之前，必须先完成机械装置的设置。

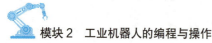

3. 设定夹具属性

序号	操作步骤图示	说明
1	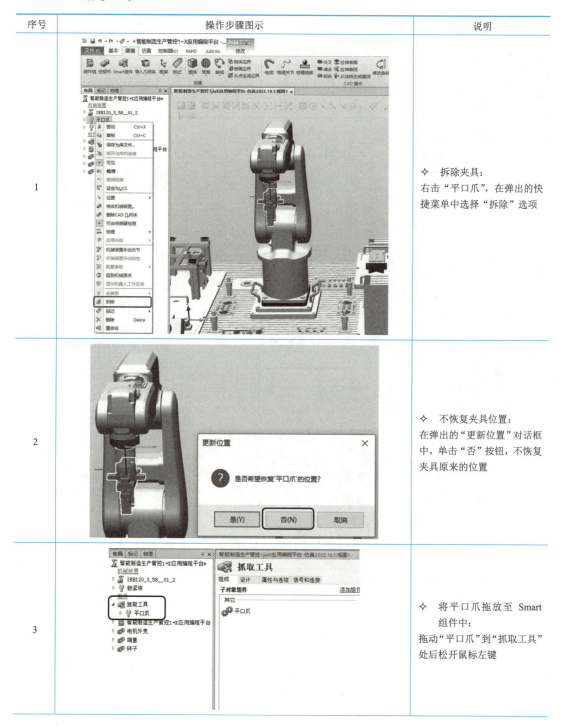	✧ 拆除夹具： 右击"平口爪"，在弹出的快捷菜单中选择"拆除"选项
2		✧ 不恢复夹具位置： 在弹出的"更新位置"对话框中，单击"否"按钮，不恢复夹具原来的位置
3		✧ 将平口爪拖放至 Smart 组件中： 拖动"平口爪"到"抓取工具"处后松开鼠标左键

续表

序号	操作步骤图示	说明
4	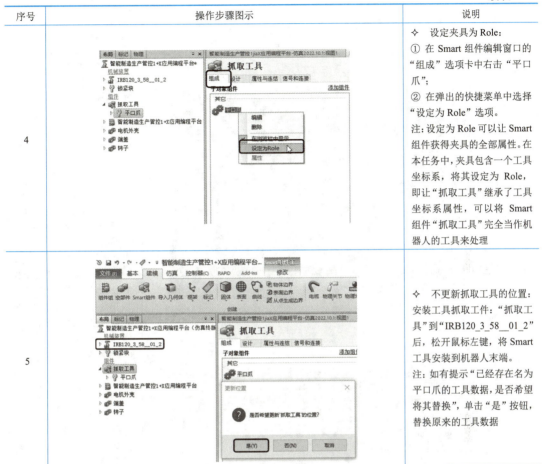	✧ 设定夹具为 Role： ① 在 Smart 组件编辑窗口的"组成"选项卡中右击"平口爪"； ② 在弹出的快捷菜单中选择"设定为 Role"选项。 注：设定为 Role 可以让 Smart 组件获得夹具的全部属性。在本任务中，夹具包含一个工具坐标系，将其设定为 Role，即让"抓取工具"继承了工具坐标系属性，可以将 Smart 组件"抓取工具"完全当作机器人的工具来处理
5		✧ 不更新抓取工具的位置： 安装工具抓取工件："抓取工具"到"IRB120_3_58__01_2"后，松开鼠标左键，将 Smart 工具安装到机器人末端。 注：如有提示"已经存在名为平口爪的工具数据，是否希望将其替换"，单击"是"按钮，替换原来的工具数据

4. 设定检测传感器

序号	操作步骤图示	说明
1	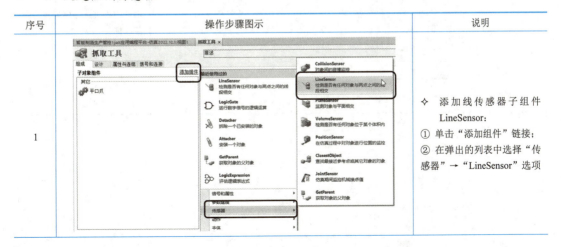	✧ 添加线传感器子组件 LineSensor： ① 单击"添加组件"链接； ② 在弹出的列表中选择"传感器"→"LineSensor"选项

续表

序号	操作步骤图示	说明
2	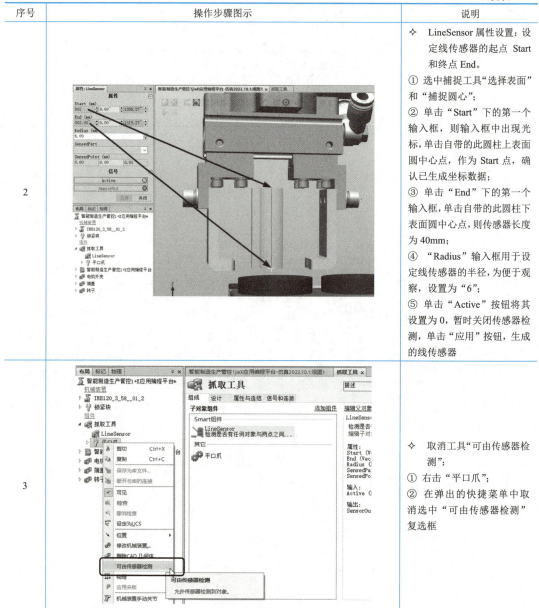	✧ LineSensor 属性设置：设定线传感器的起点 Start 和终点 End。 ① 选中捕捉工具"选择表面"和"捕捉圆心"； ② 单击"Start"下的第一个输入框，则输入框中出现光标，单击自带的此圆柱上表面圆中心点，作为 Start 点，确认已生成坐标数据； ③ 单击"End"下的第一个输入框，单击自带的此圆柱下表面圆中心点，则传感器长度为 40mm； ④ "Radius"输入框用于设定线传感器的半径，为便于观察，设置为"6"； ⑤ 单击"Active"按钮将其设置为 0，暂时关闭传感器检测，单击"应用"按钮，生成的线传感器
3		✧ 取消工具"可由传感器检测"： ① 右击"平口爪"； ② 在弹出的快捷菜单中取消选中"可由传感器检测"复选框

5. 设定拾取和释放动作

序号	操作步骤图示	说明
1	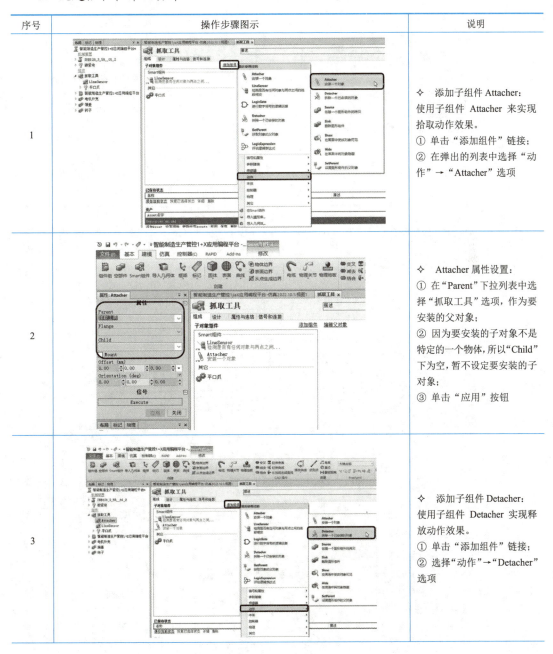	✧ 添加子组件 Attacher： 使用子组件 Attacher 来实现拾取动作效果。 ① 单击"添加组件"链接； ② 在弹出的列表中选择"动作"→"Attacher"选项
2		✧ Attacher 属性设置： ① 在"Parent"下拉列表中选择"抓取工具"选项，作为要安装的父对象； ② 因为要安装的子对象不是特定的一个物体，所以"Child"下为空，暂不设定要安装的子对象； ③ 单击"应用"按钮
3		✧ 添加子组件 Detacher： 使用子组件 Detacher 实现释放动作效果。 ① 单击"添加组件"链接； ② 选择"动作"→"Detacher"选项

续表

序号	操作步骤图示	说明
4	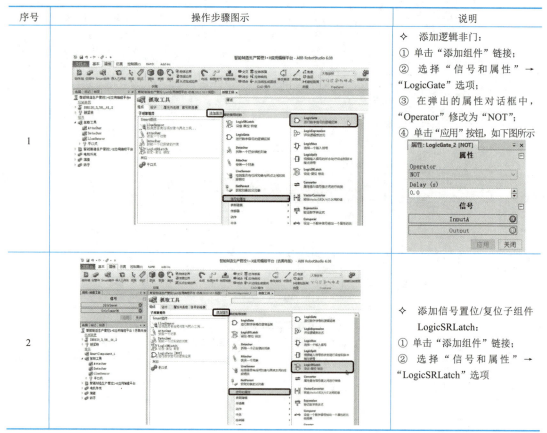	◆ Detacher 属性设置： ① 由于要释放拆除的子对象不是特定的一个物体，所以"Child"下为空，暂不设定要释放拆除的子对象； ② 确认已选中"KeepPosition"复选框，即释放后，子对象保持当前的空间位置； ③ 单击"应用"按钮

注：拾取动作 Attacher 和释放动作 Detacher 中关于子对象 Child 暂时都未设定，是因为在本任务中我们要拾取和释放的产品并不是同一个物体，抓取的对象有转子和端盖，所以无法直接指定子对象，接下来将会在属性连结中来设定该项属性的关联。

6. 添加信号和属性相关子组件

序号	操作步骤图示	说明
1		◆ 添加逻辑非门： ① 单击"添加组件"链接； ② 选择"信号和属性"→"LogicGate"选项； ③ 在弹出的属性对话框中，"Operator"修改为"NOT"； ④ 单击"应用"按钮，如下图所示
2		◆ 添加信号置位/复位子组件 LogicSRLatch： ① 单击"添加组件"链接； ② 选择"信号和属性"→"LogicSRLatch"选项

注：子组件 LogicSRLatch 用于置位、复位信号，并且自带锁定功能。在本任务中用于置位、复位平口爪反馈信号。

7. 创建属性连结

序号	操作步骤图示	说明
1	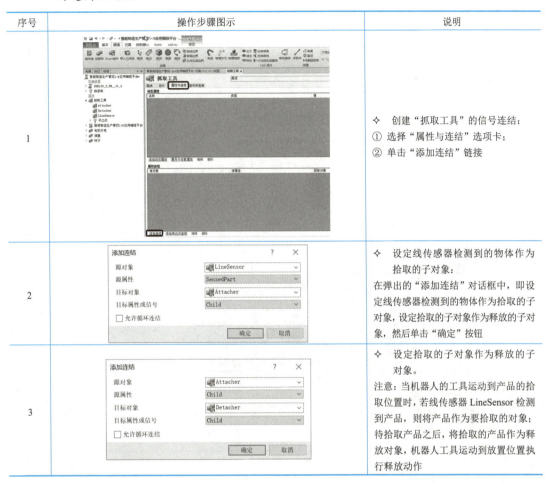	✧　创建"抓取工具"的信号连结： ①　选择"属性与连结"选项卡； ②　单击"添加连结"链接
2		✧　设定线传感器检测到的物体作为拾取的子对象： 在弹出的"添加连结"对话框中，即设定线传感器检测到的物体作为拾取的子对象，设定拾取的子对象作为释放的子对象，然后单击"确定"按钮
3		✧　设定拾取的子对象作为释放的子对象。 注意：当机器人的工具运动到产品的拾取位置时，若线传感器 LineSensor 检测到产品，则将产品作为要拾取的对象；待拾取产品之后，将拾取的产品作为释放对象，机器人工具运动到放置位置执行释放动作

8. 建立信号和连接

（1）建立 I/O 信号

序号	操作步骤图示	说明
1		✧　建立 I/O Singals 信号： ①　单击"添加 I/O Singals"链接； ②　在弹出的"添加 I/O Singals"对话框中依次建立下面两个信号

续表

序号	操作步骤图示	说明
2		✧ 添加一个数字输入信号 DiGripper： 用于控制工具拾取、释放动作，置"1"为夹紧拾取，置"0"为松开释放。按图所示内容设置，然后单击"确定"按钮
3		✧ 添加一个数字输出信号 DoGripperOK： 用于输出平口爪反馈信号，置"1"为夹紧已建立，置"0"为松开。按图所示内容设置，然后单击"确定"按钮
4		✧ 添加完成的两个 I/O 信号

（2）建立 I/O 连接

单击"添加 I/O Connection"链接，在弹出的"添加 I/O Connection"对话框中，依次建立 7 个 I/O 连接信号。

序号	操作步骤图示	说明
1		✧ 开启传感器检测： 开启数字输入信号，即手爪动作信号 DiGripper 去触发传感器开始执行检测
2		✧ 传感器触发拾取动作执行： 传感器检测到物体之后触发拾取动作执行
3		✧ 输入信号与非门连接： 将开启手爪动作信号 DiGripper 与逻辑非门进行连接，则非门的输出信号变化和 DiGripper 信号变化正好相反

序号	操作步骤图示	说明
4	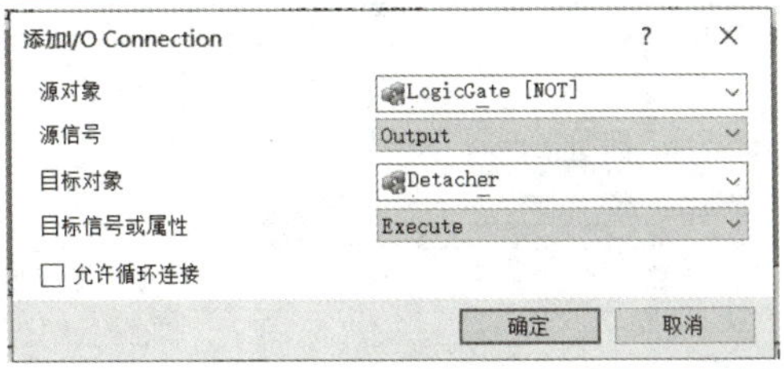 添加I/O Connection ? × 源对象　　　　　LogicGate [NOT] 源信号　　　　　Output 目标对象　　　　Detacher 目标信号或属性　Execute □ 允许循环连接 确定　取消	◇ 非门输出触发释放动作执行：利用非门的输出信号去触发释放动作执行，即松开卡爪后触发释放动作执行
5	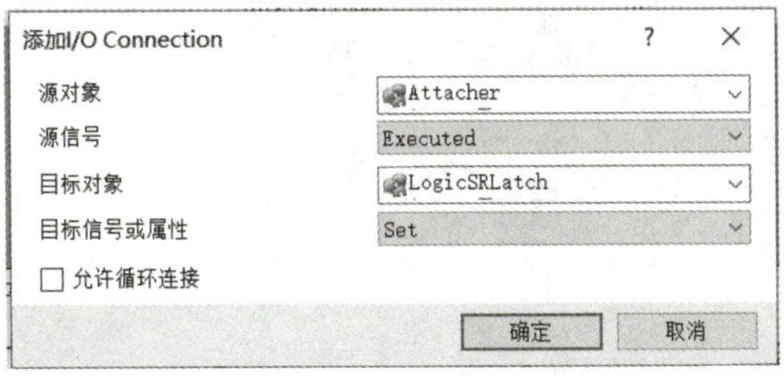 添加I/O Connection ? × 源对象　　　　　Attacher 源信号　　　　　Executed 目标对象　　　　LogicSRLatch 目标信号或属性　Set □ 允许循环连接 确定　取消	◇ 置位/复位组件执行置位：拾取动作完成后触发置位/复位子组件执行置位动作
6	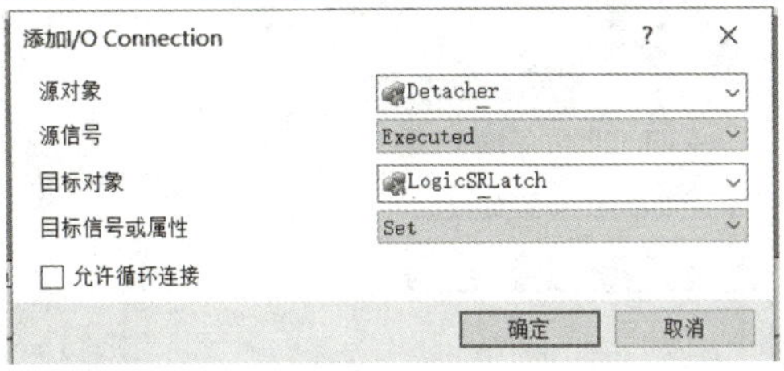 添加I/O Connection ? × 源对象　　　　　Detacher 源信号　　　　　Executed 目标对象　　　　LogicSRLatch 目标信号或属性　Set □ 允许循环连接 确定　取消	◇ 置位/复位组件执行复位：释放动作完成后触发置位/复位子组件执行复位动作
7	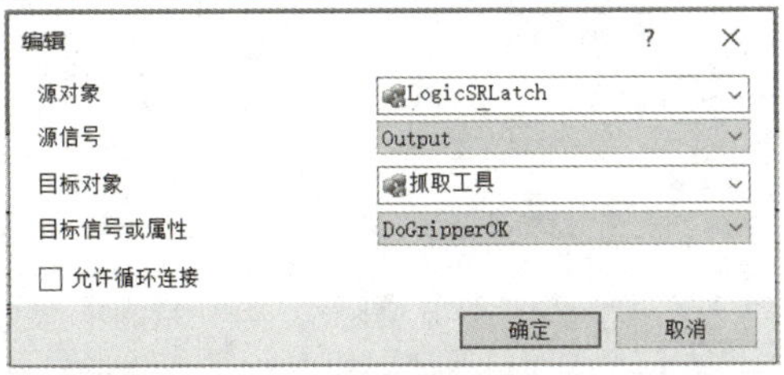 编辑 ? × 源对象　　　　　LogicSRLatch 源信号　　　　　Output 目标对象　　　　抓取工具 目标信号或属性　DoGripperOK □ 允许循环连接 确定　取消	◇ 触发平口爪反馈信号动作：置位/复位组件的动作触发数字输出信号 DoGripperOK 即手爪反馈信号置位/复位动作。实现的最终效果是当拾取动作完成后将 DoGripperOK 置 1，当释放动作完成后将 DoGripperOK 置 0
8	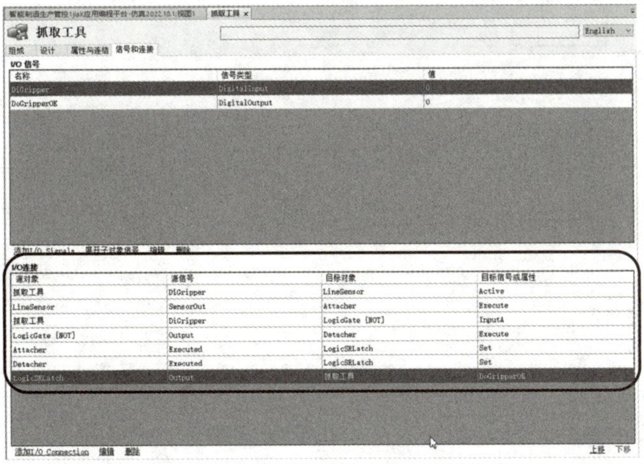	◇ 连接设置完成界面：至此，I/O 连接设置完成

9. 配置编辑器

序号	操作步骤图示	说明
1	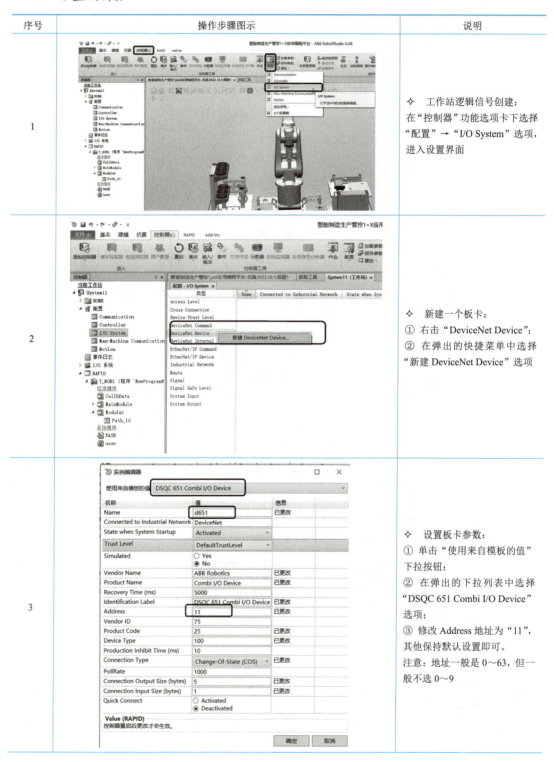	◇　工作站逻辑信号创建： 在"控制器"功能选项卡下选择"配置"→"I/O System"选项，进入设置界面
2		◇　新建一个板卡： ① 右击"DeviceNet Device"； ② 在弹出的快捷菜单中选择"新建 DeviceNet Device"选项
3		◇　设置板卡参数： ① 单击"使用来自模板的值"下拉按钮； ② 在弹出的下拉列表中选择"DSQC 651 Combi I/O Device"选项； ③ 修改 Address 地址为"11"，其他保持默认设置即可。 注意：地址一般是 0～63，但一般不选 0～9

续表

序号	操作步骤图示	说明

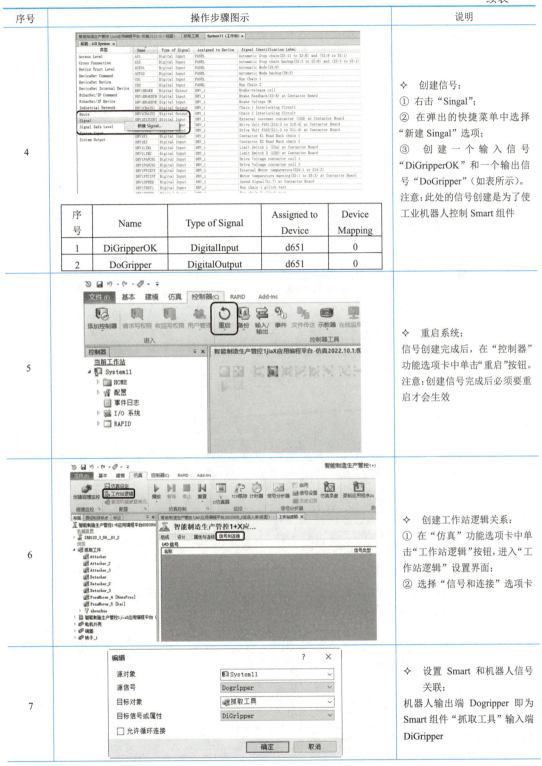

序号 4：
❖　创建信号：
① 右击"Singal"；
② 在弹出的快捷菜单中选择"新建 Singal"选项；
③ 创建一个输入信号"DiGripperOK"和一个输出信号"DoGripper"（如表所示）。
注意：此处的信号创建是为了使工业机器人控制 Smart 组件

序号	Name	Type of Signal	Assigned to Device	Device Mapping
1	DiGripperOK	DigitalInput	d651	0
2	DoGripper	DigitalOutput	d651	0

序号 5：
❖　重启系统：
信号创建完成后，在"控制器"功能选项卡中单击"重启"按钮。
注意：创建信号完成后必须要重启才会生效

序号 6：
❖　创建工作站逻辑关系：
① 在"仿真"功能选项卡中单击"工作站逻辑"按钮，进入"工作站逻辑"设置界面；
② 选择"信号和连接"选项卡

序号 7：
❖　设置 Smart 和机器人信号关联：
机器人输出端 Dogripper 即为 Smart 组件"抓取工具"输入端 DiGripper

续表

序号	操作步骤图示	说明
8	**编辑** ? × 源对象　　　　　抓取工具 源信号　　　　　DoGripperOK 目标对象　　　　System11 目标信号或属性　DigripperOK □ 允许循环连接 确定　　取消	◇ 设置 Smart 和机器人信号关联： 设置 Smart 组件"抓取工具"输出端 DoGripperOK（即机器人输入端"DigripperOK"）

序号	操作步骤图示				说明
9	**I/O连接**				◇ 关联完成
	源对象	源信号	目标对象	目标信号或属性	
	System11	Dogripper	抓取工具	DiGripper	
	抓取工具	DoGripperOK	System11	DigripperOK	

10. 创建一个搬运空路径

序号	操作步骤图示	说明
1	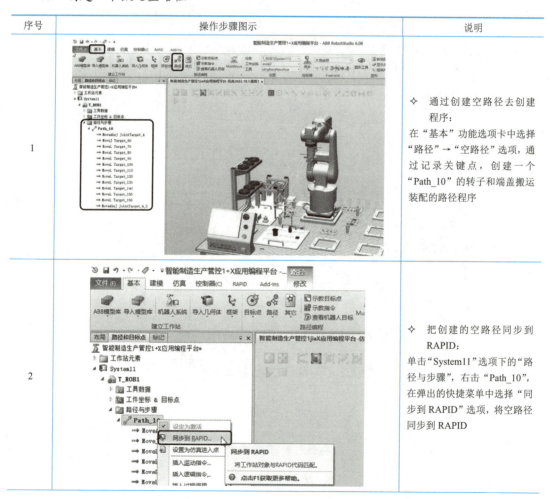	◇ 通过创建空路径去创建程序： 在"基本"功能选项卡中选择"路径"→"空路径"选项，通过记录关键点，创建一个"Path_10"的转子和端盖搬运装配的路径程序
2		◇ 把创建的空路径同步到 RAPID： 单击"System11"选项下的"路径与步骤"，右击"Path_10"，在弹出的快捷菜单中选择"同步到 RAPID"选项，将空路径同步到 RAPID

续表

序号	操作步骤图示	说明
3	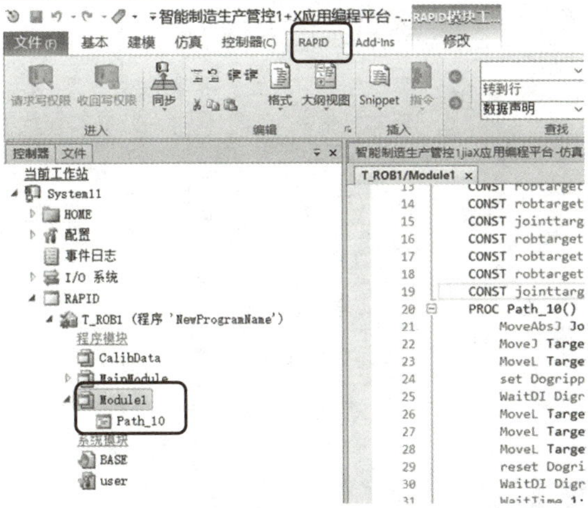	✧　打开 RAPID 程序： 选择"RAPID"功能选项卡，右击"System11"选项下的"RAPID"，单击"Moudule1"→"Path_10"，双击打开从空路径添加过来的程序
4	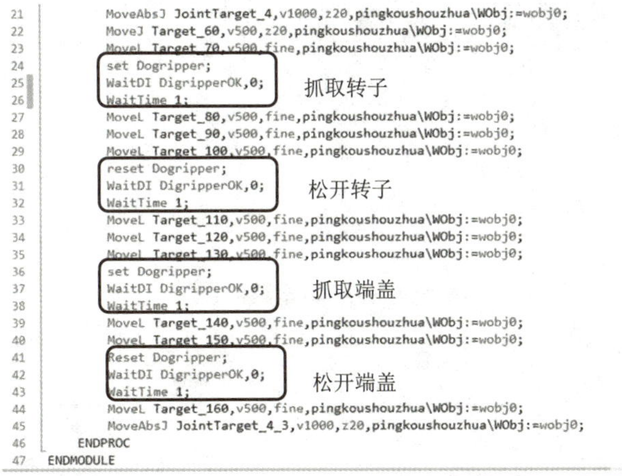	✧　修改 RAPID 程序： 添加信号控制分别为抓取转子、松开转子、抓取端盖、松开端盖的逻辑控制指令
5	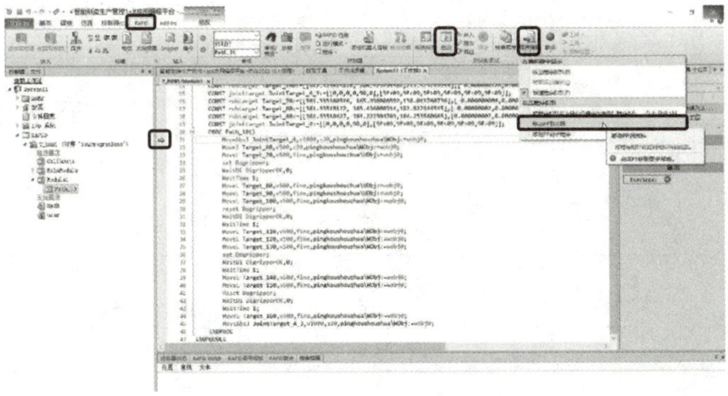	✧　仿真验证： 在"RAPID"界面中选择"程序指针"→"移动 PP 到光标"选项，把光标移到 Path_10 第一段，出现一个箭头"➡"，单击"启动"按钮即可执行仿真

续表

序号	操作步骤图示	说明
6	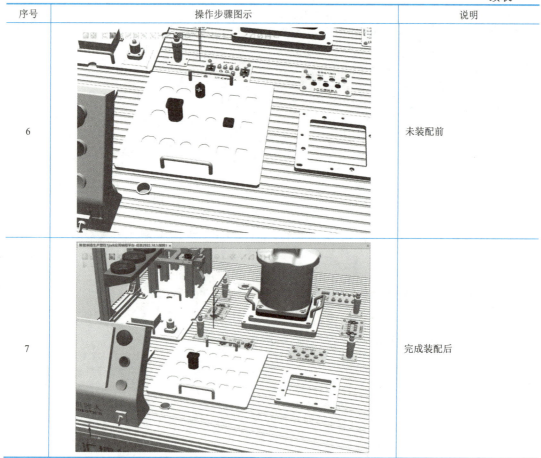	未装配前
7		完成装配后

4.3　评价反馈

学生互评表如表 4-1 所示。可在对应表栏内打"√"。

表 4-1　学生互评表

序号	评价项目	优秀 （90%～100%）	良好 （80%～90%）	合格 （60%～80%）	未完成 （<60%）
1	准备充分				
2	按计划时间完成任务				
3	引导问题填写完成量				
4	操作技能熟练程度				
5	最终完成作品质量				
6	团队合作与沟通				

续表

序号	评价项目	优秀 （90%～100%）	良好 （80%～90%）	合格 （60%～80%）	未完成 （<60%）
7	解决问题的能力				

存在的问题：

说明：此表作为教师综合评价参考；表中的百分数表示任务完成率。

教师综合评价表如表 4-2 所示。可在对应表栏内打"√"。

表 4-2　教师综合评价表

序号	评价项目	优秀 （90%～100%）	良好 （80%～90%）	合格 （60%～80%）	未完成 （<60%）
1	准备充分				
2	按计划时间完成任务				
3	平口手爪工具抓取动作				
4	抓取转子并装配到电机外壳中				
5	抓取端盖并装配到电机转子上				
6	原状态复位				
7	引导问题填写完成量				
8	操作技能熟练程度				
9	最终完成作品质量				
10	操作规范				
11	安全操作				
12	解决问题的能力				
13	创新点				
14	团队合作与沟通				
15	参与讨论				
16	主动性				
17	展示汇报				

综合评价：

说明：共 17 个考核点，完成其中的 60%（即 10 个）及以上（即获得"合格"及以上）方为完成任务；如未完成任务，则须再次重新开始任务，直至同组同学和教师验收合格为止。

知识链接

1. 编程指令回顾

（1）Set DO 指令

Set DO 指令主要用于控制数字量输出信号的"0"或"1"值，前一个指令参数为信号选择，可在例表中选择已定义好的数字输出信号，后一个指令为参数目标状态，一般是"0"或"1"。

（2）WaitDI/DO 指令

WaitDI：等待指令，等一个输入信号状态为设定的值。

WaitDO：等待指令，等一个输出信号状态为设定的值。

2. 用 Smart 组件创建动态夹具

在仿真工作站中，机器人夹具的动态效果对整个工作站来说也是重要环节。可以设计一个具有 Smart 组件动态属性的卡爪来进行产品的拾取和释放，实现搬运功能。

Smart 组件夹具动态效果包括：在末端拾取产品、在放置位置释放产品、自动置位复位真空反馈信号。

3. 工作站的逻辑设定

设定 Smart 组件与机器人端的信号通信，将 Smart 组件的输入/输出信号与机器人端的输入/输出信号做信号关联。使 Smart 组件的输出信号作为机器人端的输入信号，机器人端的输出信号作为 Smart 组件的输入信号，此时可将 Smart 组件当作一个与机器人进行 I/O 通信的 PLC。

直 击 工 考

提供一套如图 4-6 所示的码垛工作站，请根据所学的任务知识完成该工作站的码垛设置。

Smart 组件输送链动态效果包括：输送链前端自动生成产品、产品随着输送链向前运动、产品到达输送链末端后停止运动、产品被移走后输送链前端再次生成产品……不断循环。堆垛方式采用"2-3"加"3-2"的形式。

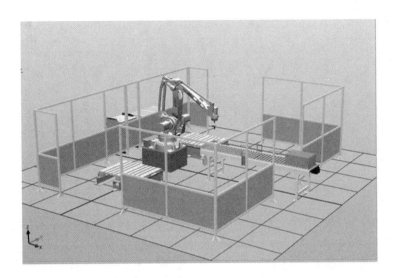

图 4-6　码垛工作站

电机部件的搬运编程与实操

【项目导读】

工业机器人常用于搬运、装配、焊接、涂装、码垛等领域。本实训项目采用 ABB 品牌机器人进行装配和搬运的编程与操作训练，为生产线机器人上下料作业做准备训练。

【学习目标】

1. 掌握工业机器人装配和搬运的基本编程操作方法；
2. 熟练完成机器人的搬运编程和 I/O 口通信编程；
3. 学会解决实践过程中遇到的问题；
4. 掌握 RAPID 程序指令的使用方法与功能；
5. 掌握并说明程序和例行程序的区别。

5.1 工作任务分析

5.1.1 任务内容

工业机器人在实现智能制造、自动化生产线时是非常重要的装置。现有 ABB 工业机器人工作站（图 5-1），该工作站可进行机器人装配、搬运、码垛等多种功能，可满足学生多种实训内容要求。

本任务主要是模拟数控生产加工单元的机器人上下料搬运训练。机器人处于原点位置，提供电机成品零件，零件放在指定的位置上，手爪放置在快换装置上，要求机器人自动抓取手爪，编制最优路径程序对工件进行装配，装配完成后放入指定仓库位，机器人回到原点位置。在关节坐标系下工业机器人的工作原点位置为：原点 1[0°，0°，0°，0°，90°，0°] 或原点 2[0°，-20°，20°，0°，90°，0°]。

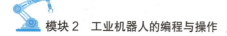
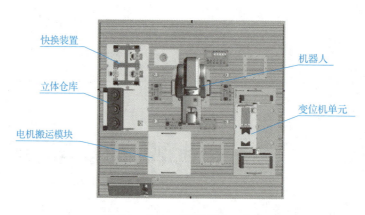

图 5-1　ABB 工业机器人工作站

电机装配工作站用于装配电机成品，电机成品由电机外壳［图 5-2（a）］、电机转子［图 5-2（b）］和电机端盖［图 5-2（c）］组装而成，装配完成后的电机成品如图 5-2（d）所示。

（a）电机外壳　　　　　　（b）电机转子　　　　　　（c）电机端盖　　　　　　（d）电机成品

图 5-2　电机各零件及成品

在工业机器人电机装配工作站上，机器人到快换装置处自动抓取平口手爪工具并将其安装在工业机器人末端，将 2 个电机外壳、2 个电机转子和 2 个电机端盖手动放置到搬运模块上（图 5-3），创建并正确命名程序，命名规则为："BY×××+***"。其中，×××为学生名字各拼音的首字母，***为学号后 3 位。利用示教盒进行现场操作编程，实现红色、蓝色或者黄色、蓝色两套不同颜色的电机部件（一套电机部件必须为同一种颜色）的搬运和入库。示教编程完成后要求在自动模式下（之后禁止对示教器进行任何操作）成功实现电机装配正确和入库位置（图 5-4）准确方可算完成任务。若运行过程有出现机器人碰撞和零件掉落的情况，则重新开始任务。

> **提　示**
>
> 电机部件的搬运顺序如下：①将电机转子工件搬运到电机外壳中；②将电机端盖搬运到电机转子上；③电机成品定位——将电机部件搬运到变位机（水平状态）上的装配模块进行定位；④电机成品入库——最后将已定位好的电机成品搬运到图 5-4 所示的立体仓库中。

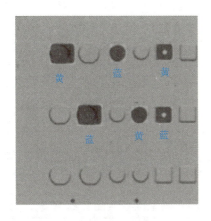

图 5-3　电机零部件放置位置

图 5-4　电机成品入库位置（背面图）

5.1.2　任务解析

问题 1　①根据任务书要求进行电机零部件的位置摆放，选择黄（　　）、蓝（　　）红（　　）；②根据所选的电机颜色，并根据任务书的位置在实物盘上的位置打"√"，并把实物放到对应的位置上，确定最终入库的位置。

问题 2　用机器人原点[0°，−20°，20°，0°，90°，0°]的主要目的是什么？

_____

问题 3　电机搬运用到的工具是图 5-5 中的_____。

（a）弧口手爪工具

（b）平口手爪工具

（c）吸盘工具

（d）辅助标定装置

图 5-5　手爪吸盘工具及辅助标定装置

问题 4　根据任务书要求在图 5-6 中画出机器人进行电机装配的示意图，并填写图 5-7所示的机器人工作流程图。

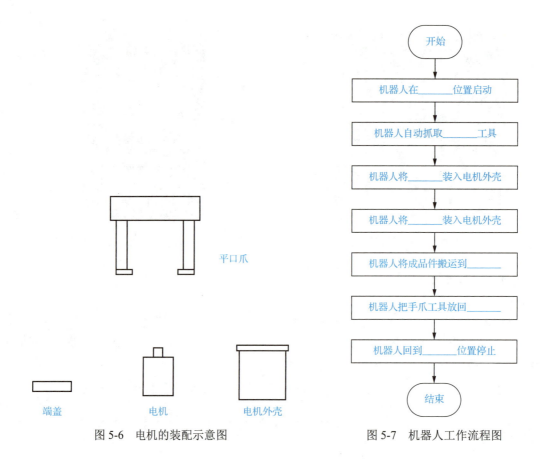

图 5-6　电机的装配示意图　　　　　图 5-7　机器人工作流程图

5.2　实践操作

5.2.1　实施准备

1. 设备和工具

准备 1+X 工作站设备一套，另外准备电机组件零件黄、蓝、红其中两组和抓取手爪一套。

2. 实施要点

问题 1　按照图 5-1 核对快换装置、立体仓库、电机搬运模块是否已经按照图示位置放置到位。　是（　　　）否（　　　）

问题 2　按照图 5-3 核对电机是否根据颜色放置正确。　是（　　　）否（　　　）
你知道图 5-4 中要入库的放置位置吗？　是（　　　）否（　　　）

问题 3　卡爪是否已经放置在快换装置上了？　是（　　　）否（　　　）

问题 4　机器人如果不在原点位置，那么该如何回原点？方法有哪几种？（至少写出

2 种）

请写出操作流程。

_____

_____

问题 5　ABB 工业机器人一般设置有自动模式、手动低速模式、手动快速模式 3 种，示教时应选择在哪种模式下进行操作？该如何进行模式切换？

_____

问题 6　应该怎么进入 RobotStudio 系统的编程界面？

_____

问题 7　机器人在空间中运动用到哪几个编程指令？

_____

_____

问题 8　当机器人本体移动到快换装置上方 30～50mm 处准备进行手爪抓取时，必须要在手爪上方示教一个过渡点来确定末端执行器和手爪已经对好位置（图 5-8），此时对好后再走_____运动（调用 Move____指令），靠近手爪约_____mm 进行抓取较合理。抓取手爪的指令用 Set_____ Reset_____，放置手爪的指令用 Set_____ Reset_____。

图 5-8　末端执行器抓取手爪位置

5.2.2　实施步骤

在创建程序示教之前，为完成整个装配和搬运过程，可以先进行例行程序创建说明，按照路径分段创建程序，也利于程序的调用。搬运例行程序说明如表 5-1 所示。

表 5-1　搬运例行程序说明

序号	例行程序名称	说明
1	Qu_shouzhua	到快换装置处抓取手爪
2	ZP_zhuanzi	装配转子到电机外壳中

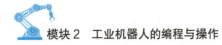
续表

序号	例行程序名称	说明
3	ZP_duangai	装配端盖到电机转子上
4	BY_dianji	搬运电机入库到指定位置
5	Fang_shouzhua	到快换装置处放置手爪

例行程序的创建步骤如下。

1. 选择坐标系

序号	操作步骤图示	说明
1	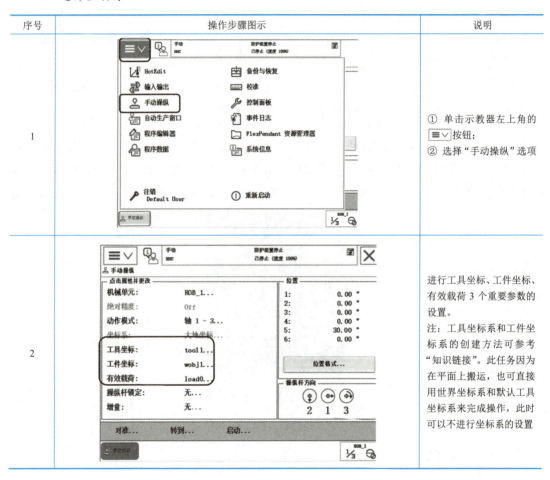	① 单击示教器左上角的 ≡∨ 按钮； ② 选择"手动操纵"选项
2		进行工具坐标、工件坐标、有效载荷3个重要参数的设置。 注：工具坐标系和工件坐标系的创建方法可参考"知识链接"。此任务因为在平面上搬运，也可直接用世界坐标系和默认工具坐标系来完成操作，此时可以不进行坐标系的设置

2. 创建程序模块

序号	操作步骤图示	说明
1	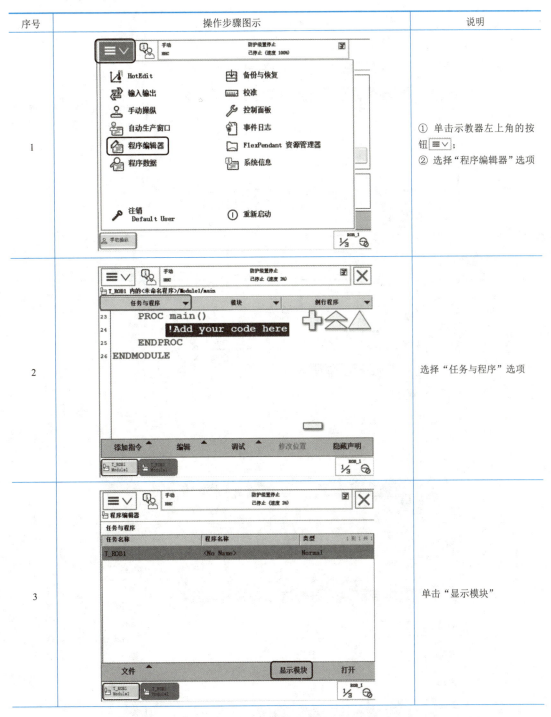	① 单击示教器左上角的按钮 $\boxed{\equiv\vee}$； ② 选择"程序编辑器"选项
2		选择"任务与程序"选项
3		单击"显示模块"

续表

序号	操作步骤图示	说明
4	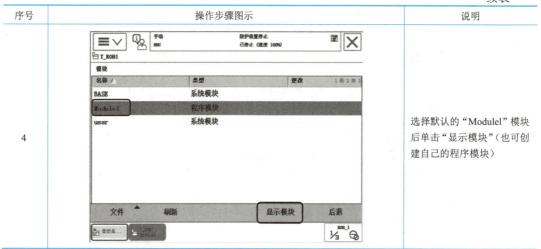	选择默认的"Module1"模块后单击"显示模块"（也可创建自己的程序模块）

3. 创建例行程序

序号	操作步骤图示	说明
1	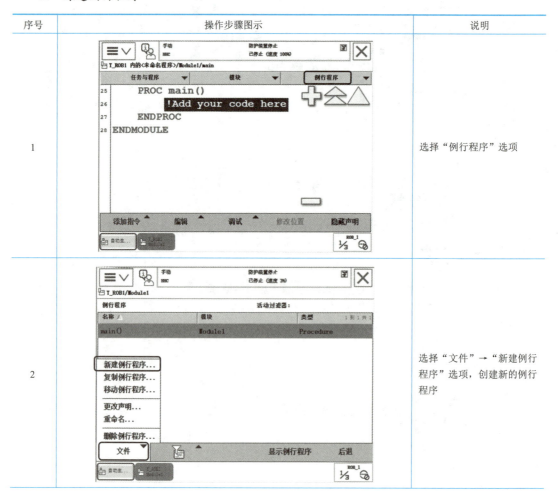	选择"例行程序"选项
2		选择"文件"→"新建例行程序"选项，创建新的例行程序

续表

序号	操作步骤图示	说明
3	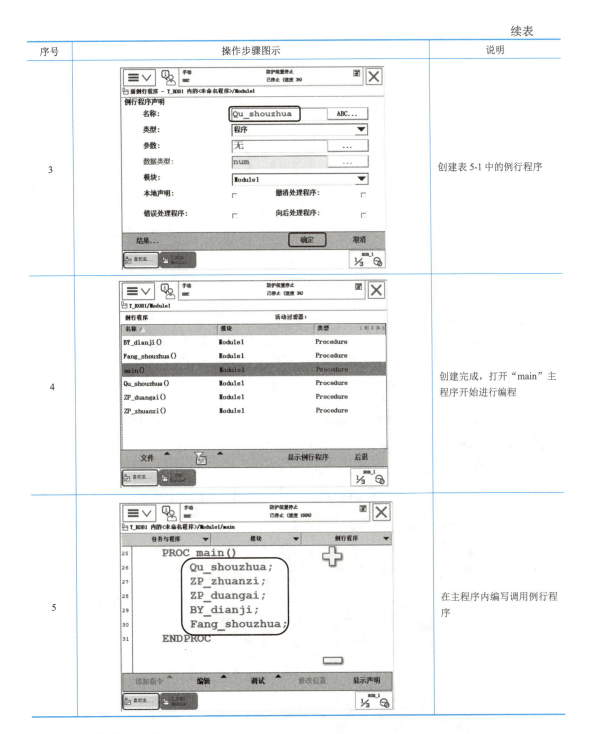	创建表 5-1 中的例行程序
4		创建完成，打开"main"主程序开始进行编程
5		在主程序内编写调用例行程序

4. 程序编程示教

在进行装配和搬运入库编程示教之前，对轨迹规划的关键点进行说明，如表 5-2 所示。

表 5-2　编程轨迹关键点说明

抓取手爪关键点			放置手爪关键点		
序号	关键点	说明	序号	关键点	说明
①	Home	机器人原点	①	Home	机器人原点
②	Qu10	中间避让点	②	Fang10	手爪抓取前过渡点
③	Qu20	手爪抓取前过渡点	③	Fang20	中间避让点
④	Qu30	手爪抓取点	④	Fang30	手爪抓取点
⑤	Qu40	手爪抓取后过渡点	⑤	Fang40	手爪抓取后过渡点
装配转子关键点			装配端盖关键点		
序号	关键点	说明	序号	关键点	说明
①	Home	机器人原点	①	Home	机器人原点
②	ZZ10	取转子过渡点	②	DG10	取端盖过渡点
③	ZZ20	取转子点	③	DG20	取端盖点
④	ZZ30	装配转子过渡点	④	DG30	装配端盖过渡点
⑤	ZZ40	放转子点	⑤	DG40	放端盖点
电机成品入库关键点					
序号	关键点	说明	序号	关键点	说明
①	Home	机器人原点	⑥	BY50	换抓取电机位置过渡点
②	BY10	取电机过渡点	⑦	BY60	二次取电机点
③	BY20	取电机成品点	⑧	BY70	入库避让点
④	BY30	电机放变位机过渡点	⑨	BY80	放电机入库过渡点
⑤	BY40	放电机点	⑩	BY90	放电机入库点

Qu_shouzhua 程序编制示例如下。

序号	操作步骤图示	说明
1	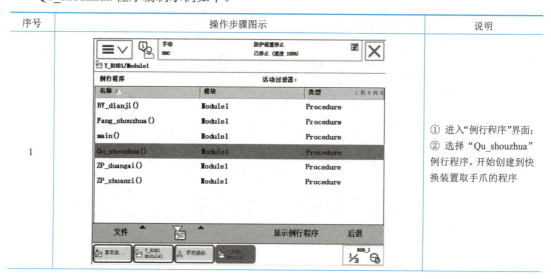	① 进入"例行程序"界面； ② 选择"Qu_shouzhua"例行程序，开始创建到快换装置取手爪的程序

续表

序号	操作步骤图示	说明
2	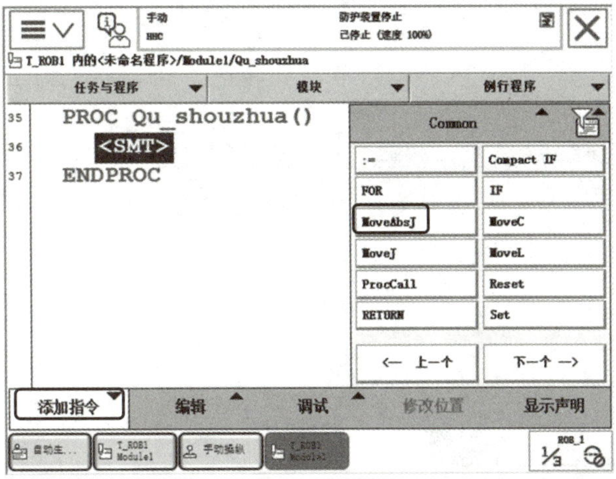	① 单击“添加指令”，按照机器人轨迹流程指令创建原点“Home”的指令； ② 选择 MoveAbsJ 指令
3	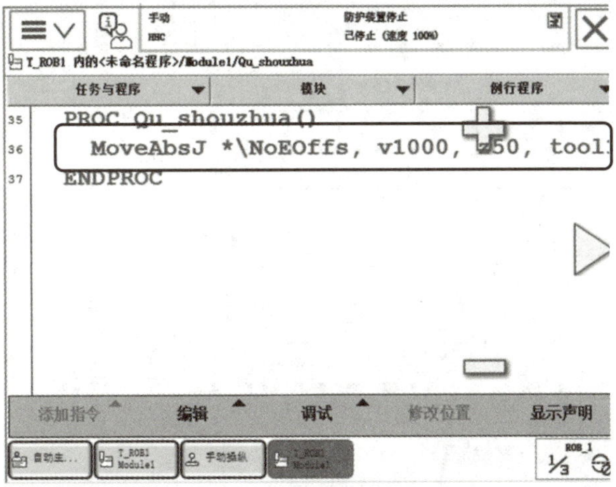	创建完成
4	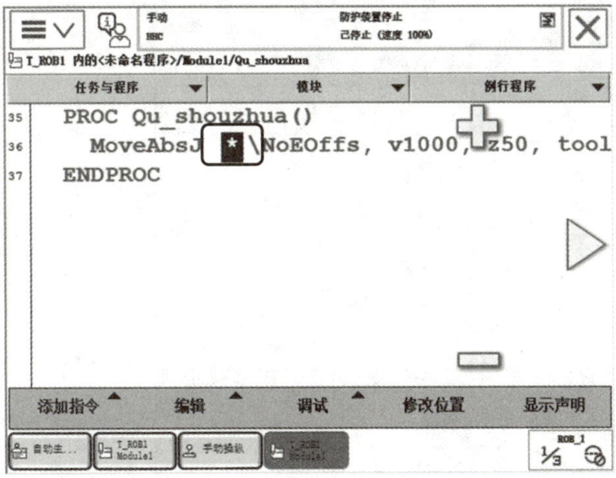	双击“*”，进入示教点命名

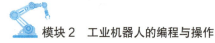
续表

序号	操作步骤图示	说明
5	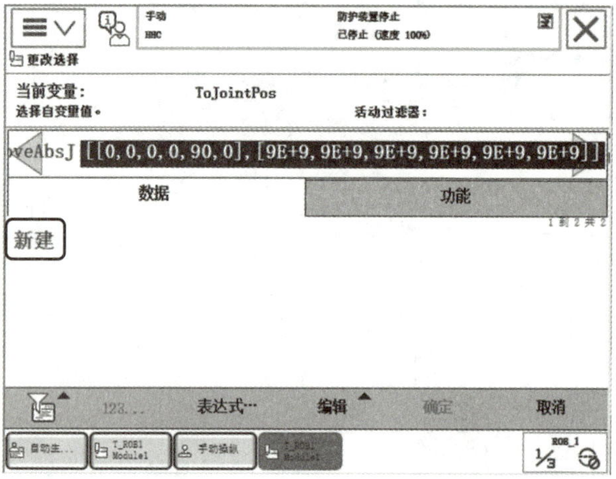	进入示教点设置界面
6	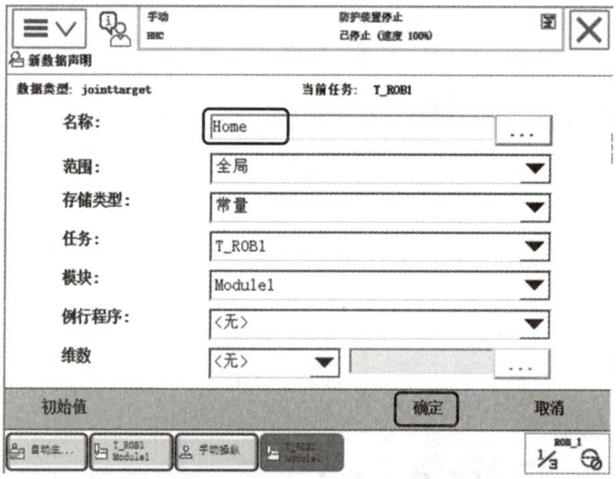	命名为"Home"后,其他选项保持默认设置,单击"确定"按钮
7	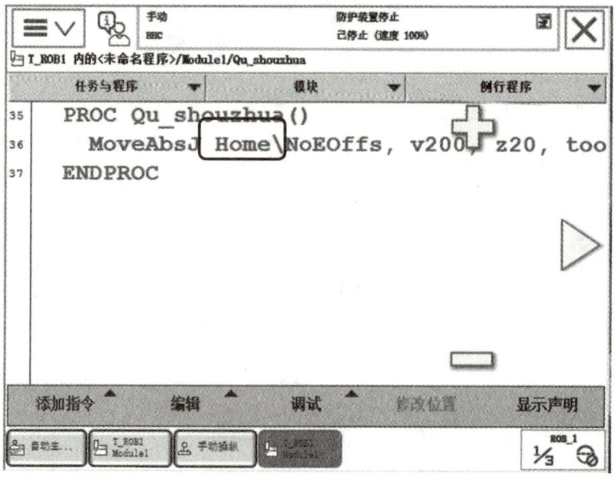	创建完成

序号5图中文字:

手动 IRC

防护装置停止 已停止(速度100%)

更改选择

当前变量: ToJointPos
选择自变量值。 活动过滤器:

veAbsJ [[0,0,0,0,90,0], [9E+9, 9E+9, 9E+9, 9E+9, 9E+9, 9E+9]]

数据 功能

1到2共2

新建

123… 表达式… 编辑 确定 取消

自动生… T_ROB1 Module1 手动操纵 T_ROB1 Module1 ROB_1 1/3

序号6图中文字:

手动 IRC

防护装置停止 已停止(速度100%)

新数据声明

数据类型: jointtarget 当前任务: T_ROB1

名称: Home …

范围: 全局

存储类型: 常量

任务: T_ROB1

模块: Module1

例行程序: <无>

维数: <无> …

初始值 确定 取消

自动生… T_ROB1 Module1 手动操纵 T_ROB1 Module1 ROB_1 1/3

序号7图中文字:

手动 IRC

防护装置停止 已停止(速度100%)

T_ROB1 内的<未命名程序>/Module1/Qu_shouzhua

任务与程序 模块 例行程序

35　PROC Qu_shouzhua()
36　　　MoveAbsJ Home\NoEOffs, v200, z20, too
37　ENDPROC

添加指令 编辑 调试 修改位置 显示声明

自动生… T_ROB1 Module1 手动操纵 T_ROB1 Module1 ROB_1 1/3

序号	操作步骤图示	说明
8	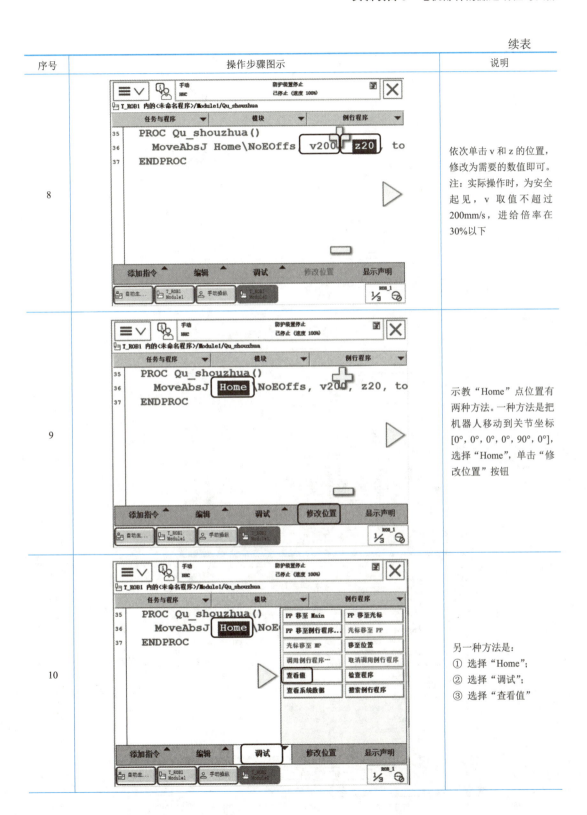	依次单击 v 和 z 的位置，修改为需要的数值即可。注：实际操作时，为安全起见，v 取值不超过 200mm/s，进给倍率在 30% 以下
9		示教"Home"点位置有两种方法。一种方法是把机器人移动到关节坐标 [0°, 0°, 0°, 0°, 90°, 0°]，选择"Home"，单击"修改位置"按钮
10		另一种方法是： ① 选择"Home"； ② 选择"调试"； ③ 选择"查看值"

序号	操作步骤图示	说明
11	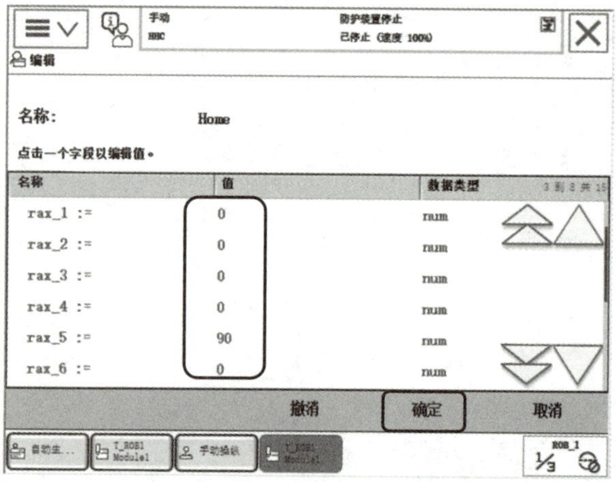	直接把 6 个关节坐标改成对应的值[0°, 0°, 0°, 0°, 90°, 0°]，单击"确定"按钮
12	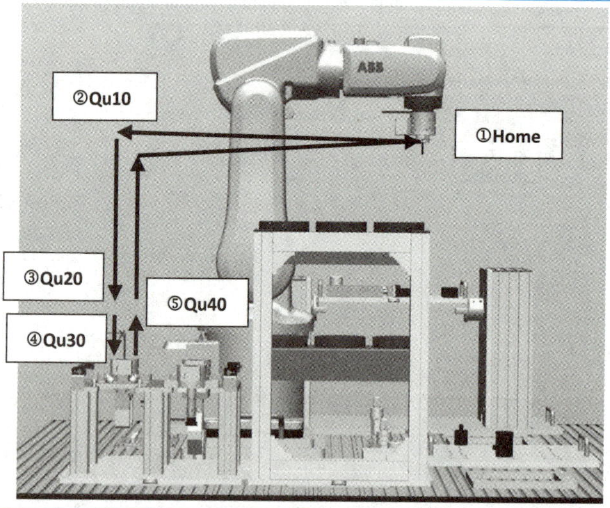	抓取手爪路径轨迹及关键点示意
13	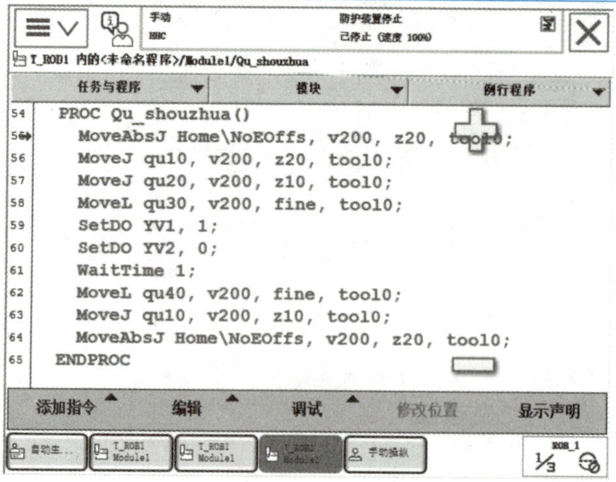	依次进行示教，记录关键点位置，添加指令，完成到快换装置抓取手爪的编程示教

图11中界面内容：

编辑

名称：　　Home

点击一个字段以编辑值。

名称	值	数据类型
rax_1 :=	0	num
rax_2 :=	0	num
rax_3 :=	0	num
rax_4 :=	0	num
rax_5 :=	90	num
rax_6 :=	0	num

撤消　　确定　　取消

图12中关键点标注：①Home　②Qu10　③Qu20　④Qu30　⑤Qu40

图13中程序内容：

```
54   PROC Qu_shouzhua()
55     MoveAbsJ Home\NoEOffs, v200, z20, tool0;
56     MoveJ qu10, v200, z20, tool0;
57     MoveJ qu20, v200, z10, tool0;
58     MoveL qu30, v200, fine, tool0;
59     SetDO YV1, 1;
60     SetDO YV2, 0;
61     WaitTime 1;
62     MoveL qu40, v200, fine, tool0;
63     MoveJ qu10, v200, z10, tool0;
64     MoveAbsJ Home\NoEOffs, v200, z20, tool0;
65   ENDPROC
```

添加指令　　编辑　　调试　　修改位置　　显示声明

序号	操作步骤图示	说明
14	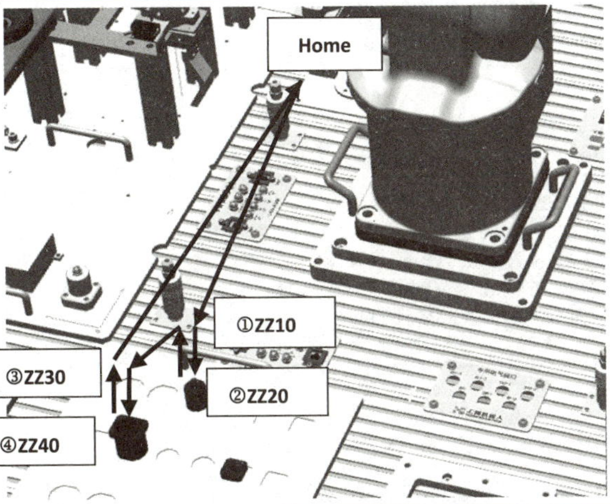	装配转子路径轨迹及关键点示意
| 15 | ```
67  MoveAbsJ Home\NoEOffs, v200, z20, tool0;
68  MoveJ ZZ10, v200, z20, tool0;
69  SetDO YV3, 1;
70  SetDO YV4, 0;
71  WaitTime 1;
72  MoveL ZZ20, v200, fine, tool0;
73  SetDO YV4, 1;
74  SetDO YV3, 0;
75  WaitTime 1;
76  MoveL ZZ10, v200, fine, tool0;
77  MoveL ZZ30, v200, fine, tool0;
78  MoveL ZZ40, v200, fine, tool0;
79  SetDO YV3, 1;
80  SetDO YV4, 0;
81  WaitTime 1;
82  MoveL ZZ30, v200, fine, tool0;
83  MoveAbsJ Home\NoEOffs, v200, fine, tool0;
84  ENDPROC
``` | 依次进行示教, 记录关键点位置, 添加指令, 完成装配转子的编程示教 |
| 16 | 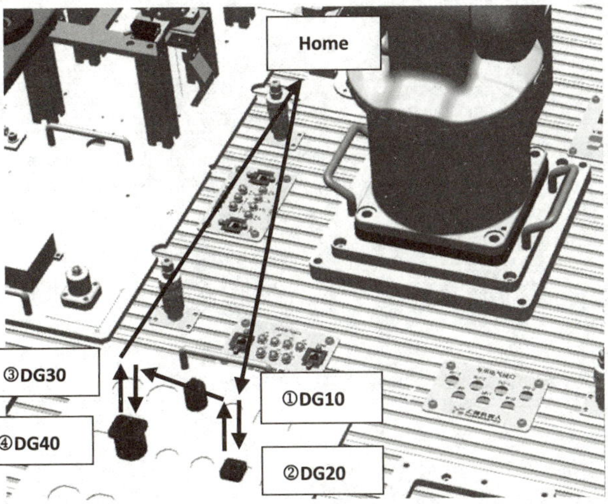 | 装配端盖路径轨迹及关键点示意 |
```

续表

序号	操作步骤图示	说明
| 17 | ```
90   MoveAbsJ Home\NoEOffs, v200, z20, tool0;
91   MoveJ DG10, v200, z20, tool0;
92   SetDO YV3, 1;
93   SetDO YV4, 0;
94   WaitTime 1;
95   MoveL DG20, v200, fine, tool0;
96   SetDO YV4, 1;
97   SetDO YV3, 0;
98   WaitTime 1;
99   MoveL DG10, v200, fine, tool0;
100  MoveL DG30, v200, fine, tool0;
101  MoveL DG40, v200, fine, tool0;
102  SetDO YV3, 1;
103  SetDO YV4, 0;
104  WaitTime 1;
105  MoveL DG30, v200, fine, tool0;
106  MoveAbsJ Home\NoEOffs, v200, fine, tool0;
``` | 依次进行示教,记录关键点位置,添加指令如图所示,完成到装配端盖抓取手爪的编程示教 |
| 18 | 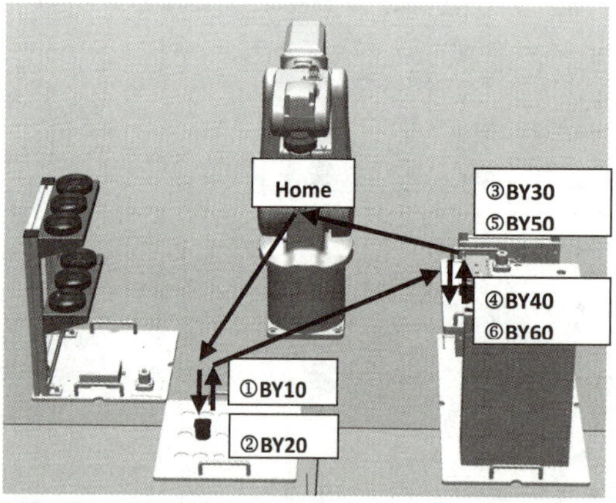 | 机器人从抓取电机成品到借助变位机调整抓取电机位置的路径轨迹及关键点示意 |
| 19 | 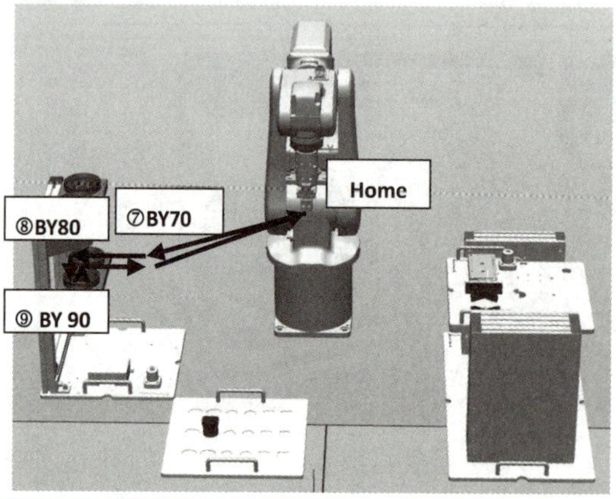 | 电机成品入库路径轨迹及关键点示意 |
```

序号	操作步骤图示	说明
20		依次进行示教，记录关键点位置，添加指令，完成机器人从抓取电机成品到借助变位机调整抓取电机位置、再到入库的编程示教
21		放置手爪路径轨迹及关键点示意
22		依次进行示教，记录关键点位置，添加指令如图所示，完成到快换装置放置手爪的编程示教，完成后参考指令

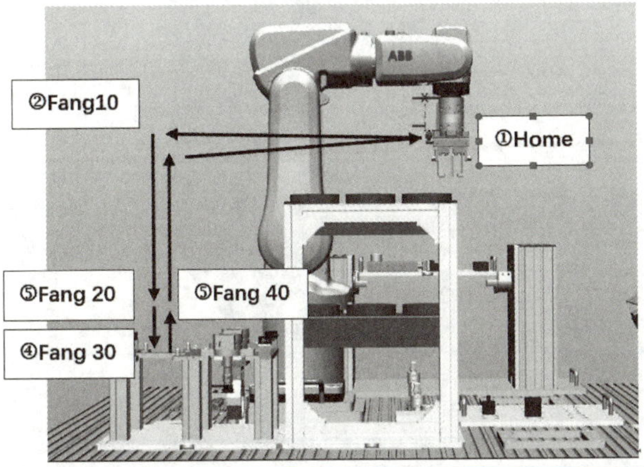

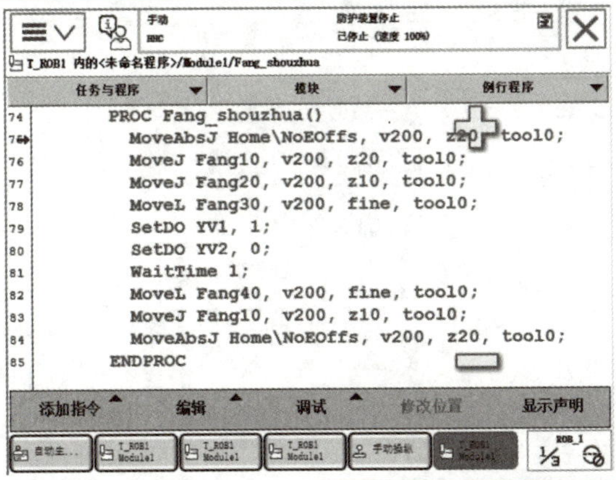

5. 程序验证

（1）单个例行程序的验证及示教再现

序号	操作步骤图示	说明
1	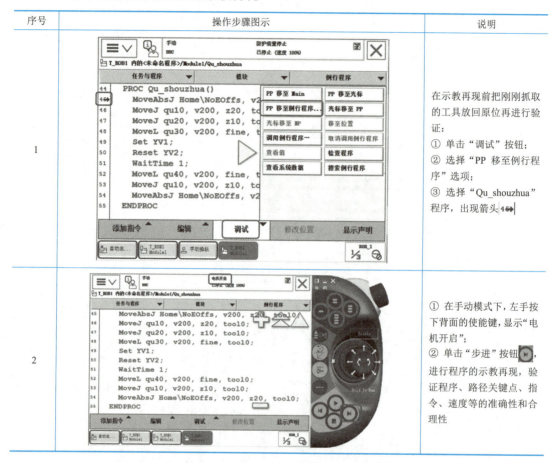	在示教再现前把刚刚抓取的工具放回原位再进行验证： ① 单击"调试"按钮； ② 选择"PP 移至例行程序"选项； ③ 选择"Qu_shouzhua"程序，出现箭头 45➡
2		① 在手动模式下，左手按下背面的使能键，显示"电机开启"； ② 单击"步进"按钮，进行程序的示教再现，验证程序、路径关键点、指令、速度等的准确性和合理性

（2）主程序在"手动模式"下自动运行

序号	操作步骤图示	说明
1	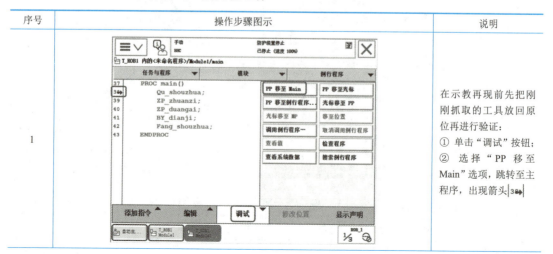	在示教再现前先把刚刚抓取的工具放回原位再进行验证： ① 单击"调试"按钮； ② 选择"PP 移至Main"选项，跳转至主程序，出现箭头 38➡

续表

序号	操作步骤图示	说明
2	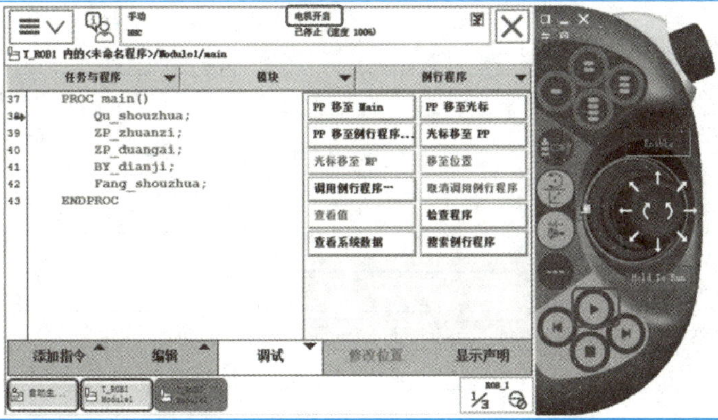	① 在手动模式下，左手按下背面的使能键，显示"电机开启"； ② 单击"启动"按钮 ▶，进行程序的示教再现，验证程序、路径关键点、指令、速度等的准确性和合理性

5.3　评价反馈

学生互评表如表 5-3 所示。可在对应表栏内打"√"。

表 5-3　学生互评表

序号	评价项目	优秀 （90%～100%）	良好 （80%～90%）	合格 （60%～80%）	未完成 （<60%）
1	准备充分				
2	按计划时间完成任务				
3	引导问题填写完成量				
4	操作技能熟练程度				
5	最终完成作品质量				
6	团队合作与沟通				
7	6S 管理				

存在的问题：

说明：此表作为教师综合评价参考；表中的百分数表示任务完成率。

教师综合评价表如表 5-4 所示。可在对应表栏内打"√"。

表 5-4　教师综合评价表

序号	评价项目	优秀 （90%～100%）	良好 （80%～90%）	合格 （60%～80%）	未完成 （<60%）
1	准备充分				
2	按计划时间完成任务				
3	自动抓取直口手爪工具				
4	抓取转子并装配到电机外壳中				
5	抓取端盖并装配到电机转子上				
6	抓取成品并松开定位气缸				
7	成品搬运入库				
8	引导问题填写完成量				
9	操作技能熟练程度				
10	最终完成作品质量				
11	操作规范				
12	安全操作				
13	解决问题的能力				
14	创新点				
15	团队合作与沟通				
16	参与讨论				
17	主动性				
18	展示汇报				

综合评价：

说明：共 18 个考核点，完成其中的 60%（即 11 个）及以上（即获得"合格"及以上）方为完成任务；如未完成任务，则须再次重新开始任务，直至同组同学和教师验收合格为止。

知识链接

1. 编程指令回顾

（1）运动轨迹指令

一般来说，机器人在空间中进行运动主要有 4 种方式：关节运动（MoveJ）、线性运动（MoveL）、圆弧运动（MoveC）和绝对位置运动（MoveAbsJ），其程序结构如下。

1）关节运动：MoveJ　P10　，v200，z20，tool1\Wobj:= Wobj1

2）线性运动：MoveL　P20　，v200，fine，tool1\Wobj:= Wobj1

3）圆弧运动：MoveC P30　　P40　，v200，z10，tool1\Wobj:= Wobj1

4）绝对位置运动：MoveAbsJ Home　，v200，z20，tool1\Wobj:= Wobj1

运动轨迹指令如图 5-9 所示。

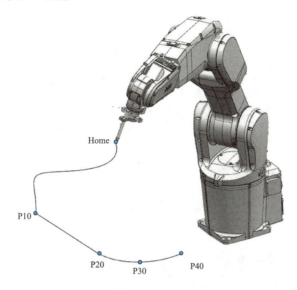

图 5-9　运动轨迹指令

运动指令解析如表 5-5 所示。

表 5-5　运动指令解析

参数	含义说明
MoveL/J/C	运动类型
P10	表示目标点位置，定义当前工具中心在当前工件坐标系中的位置
v200	执行当前指令的运动速度数据，单位为 mm/s，最大值为 1000mm/s
z20	执行目标点之间的转角区域数据，单位为 mm
fine	执行目标点时无转弯区
tool1	当前指令使用的工具坐标数据
Wobj1	当前指令使用的工件坐标数据

（2）指令段中使用 fine 和 z 的区别

fine 指机器人工具中心点（tool center point，TCP）移动到目标点，在目标点速度降为零，机器人动作稍作停顿后再向下一目标点运动；z 指还未到达目标点时就开始走圆弧过渡路径，z 值大小可设定，该值要小于执行点和目标点之间的距离，转弯区数值越大，机器人的动作路径就越圆滑与流畅。例如，下段指令使用 fine 和 z 的区别如图 5-10 所示。

➢ MoveL　P10，v200，fine，tool0

➢ MoveL　P20，v200，fine，tool0

➢ MoveL　P30，v200，fine，tool0

（3）I/O 指令

Set DO 指令主要用于控制数字量输出信号的"0"或"1"值，前一个指令参数为信号选择，可在例表中选择已定义好的数字输出信号；后一个指令为参数目标状态，一般是"0"或"1"。

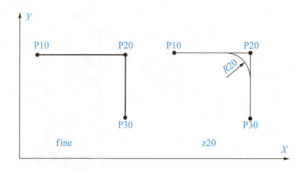

图 5-10　指令段中使用 fine 和 z 的区别

（4）WaitTime

添加指令 WaitTime 时间等待，如指令 WaitTime 1 指程序在等待一个指定的时间 1s 之后再继续向下执行。

（5）Offs 偏移指令

Offs 指令可进行基于工件坐标系的 X、Y、Z 轴方向平移，在程序编制时可实现以目标点为参考点的偏移运算，减少目标点的示教，提高编程的效率，在搬运、码垛、焊接机器人应用中经常用到。本任务也可采用 offs 指令来完成多套电机的装配和运输。图 5-9 一般需进行 P10、P20、P30 三个点的示教才可完成，如果采用 Offs 指令，假设只需要示教 P10 点，P10 到 P20 的距离是 120mm，P20 到 P30 的距离是 100mm，程序示范如下：

➢　MoveL　P10，v200，fine，tool0

➢　MoveL Offs（P10，120，0，0），v200，fine，tool0

➢　MoveL Offs（P10，120，-100，0），v200，fine，tool0

注意：在添加或修改机器人的运动指令之前一定要确认所使用的工具坐标与工件坐标，或者在程序编辑运动指令中进行选择。

2.　常见的工业机器人系统坐标

（1）基座坐标系

基座坐标系（base coordinate system，BCS）是固接在机器人基座上的直角坐标系。不同品牌的机器人零点位置不一样，ABB、Midea-KUKA 和 YASKAWA 机器人的零点位置是本体第 1 轴和基座安装面的交点；而 FANUC 机器人的零点位置是在第 1 轴的轴线和第 2 轴的轴线所在水平面的交点，一般在出厂时已经设置好。

（2）世界坐标系

世界坐标系（World coordinate system，WCS）也称大地坐标系或绝对坐标系，与机器人的运动无关，是以地球为参照物的固定坐标系。

（3）关节坐标系

关节坐标系（joint coordinate system，JCS）是固接在机器人系统各个关节轴的特殊直角关节坐标系。

（4）工具坐标系

工具坐标系（tool coordinate system，TCS）是将工具中心点设置为零点，定义机器人末端执行器位姿的直角坐标系。因为末端执行器不同，如焊接时用的是焊枪、涂漆时用的是喷枪、搬运时用的是卡爪或吸盘，在进行编程之前，编程人员要根据实际使用的末端执行器进行工具坐标系的设置。工具坐标系可定义很多个，但每次只能存在一个有效的工具坐标系。

（5）工件坐标系

工件坐标系也称用户坐标系（user coordinate system，UCS），是用户根据每个作业空间进行设置的笛卡儿坐标系，在任务程序编制之前，用户根据需要先进行工件坐标系的创建。与工具坐标系相同，工件坐标系也可定义很多个，但每次只能存在一个有效的工件坐标系。

3．RAPID 程序结构

RAPID 程序基本架构如表 5-6 所示。

表 5-6　RAPID 程序基本架构

RAPID 程序（任务）		
程序模块 1	程序模块 2	程序模块 3
程序数据	程序数据	……
主程序 main	例行程序	……
例行程序	中断程序	……
中断程序	功能	……
功能		……

1）一个 RAPID 程序称为一个任务，一个任务是由一系列的模块组成的，由程序模块与系统模块组成。一般我们通过创建系统模块来进行机器人的程序创建，系统模块主要用于系统方面的控制。

2）可以根据不同的用途创建多个程序模块，以便于归类管理不同用途的例行程序与数据。

3）每一个程序模块包含程序数据、例行程序、中断程序和功能 4 种对象，但不一定在一个模块中都有这 4 种对象的存在。程序模块之间的数据、例行程序、中断程序和功能是可以互相调用的。

4）在 RAPID 程序中，只有一个主程序 main，并且存在于任意一个程序模块中，作为整个 RAPID 程序执行的起点。

直 击 工 考

　　电机搬运工作站用于搬运电机零件（电机外壳、电机转子和电机端盖）与电机成品。电机搬运时，先将电机转子搬运到电机外壳中，再将电机端盖搬运到电机转子上，最后将电机成品搬运至指定位置。电机外壳、电机转子、电机端盖和电机成品如图5-2所示。

　　任务1：模拟焊接应用编程。

　　手动将绘图模块进行倾斜设定（第3个支架，倾角约为29.2°），手动安装绘图笔（模拟焊接）工具，标定并验证绘图笔（模拟焊接）工具坐标系和焊接斜面工件坐标系，创建并正确命名程序，命名规则为"HJA**"或"HJB**"，其中A为上午场、B为下午场，**为工位号。在给定的焊接轨迹纸上进行工业机器人现场编程（须调用创建的斜面工件坐标系和绘图笔（模拟焊接）工具坐标系，且绘图笔（模拟焊接）工具须垂直斜面进行焊接，须沿虚线模拟焊接，不得超出实线边界），将工业机器人切换至自动模式后，按下工业机器人示教盒程序启动按键（之后禁止对示教器进行任何操作），实现工业机器人在斜面上自动模拟焊接的功能。焊接轨迹图案现场提供，如图5-11所示。工业机器人须从工作原点开始运行，模拟焊接完成后返回工作原点。

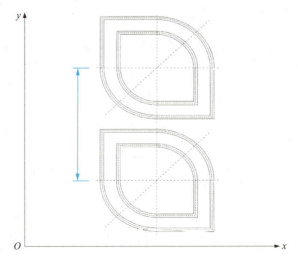

图5-11　斜面模拟焊接图案

　　任务2：电机部件搬运应用编程。

　　在工业机器人电机搬运工作站上，手动将平口手爪工具安装在工业机器人末端，将2个电机外壳、2个电机转子和2个电机端盖手动放置到搬运模块上（图5-12），创建并正确命名程序，命名规则为："BYA**"或"BYB**"，其中A为上午场、B为下午场，**为工位号。利用示教盒进行现场操作编程，实现黄色、蓝色两套电机部件（一套电机部件必须为同一种颜色）的搬运和入库（图5-13）。

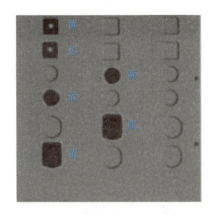

图 5-12　电机零部件放置位置

图 5-13　电机成品入库

电机部件的搬运顺序如下：

1）电机转子搬运：将电机转子工件搬运到电机外壳中。

2）电机端盖搬运：将电机端盖搬运到电机转子上。

3）电机成品定位：将电机部件搬运到变位机（水平状态）上的装配模块进行定位。

4）电机成品入库：将已定位好的电机成品搬运到图 5-13 所示的立体仓库中。

请进行工业机器人现场编程，将工业机器人切换至自动模式后，按下工业机器人示教盒程序启动按键（之后禁止对示教器进行任何操作），实现工业机器人自动完成黄色、蓝色两套电机成品的搬运和入库。

实训项目

智能制造产线的自动换爪编程与实操

【项目导读】

　　智能制造是未来制造业的核心和发展趋势。智能制造系统是机械制造技术、制造软件系统、电气控制系统与机器人控制等多学科、多技术领域的综合应用。智能制造产线能够在没有人工干预的情况下进行自动生产，将人类的智力活动和体力活动变为制造机器的智能活动。

　　智能制造产线的硬件基础包括传统加工机床、机器人、控制器、传感器等，以及各种加工程序、逻辑控制程序、大数据、人工智能等软件。本实训项目以 KEBA 系统机器人在机床上下料系统中的应用，介绍智能制造产线中机器人自动换爪编程与实操应用。

【学习目标】

1. 掌握 PTP 与 Lin 指令的使用方法；
2. 掌握赋值指令（:=）的使用方法；
3. 熟悉 KEBA 机器人系统的操作界面；
4. 掌握机器人编程、示教路径规划的基本方法；
5. 掌握 KEBA 系统 I/O 通信控制编程方法；
6. 能解决常见机器人的故障报警。

6.1　工作任务分析

6.1.1　任务内容

　　智能制造产线的组成如图 6-1 所示，包括加工中心、数控车床、工业机器人、料仓、主控制柜、机器人控制柜等。工业机器人是智能制造系统中不可缺少的一部分，可完成料仓与加工中心、数控车床之间的物料搬运。

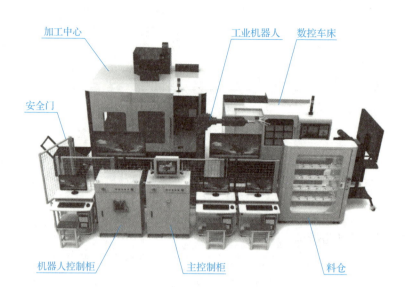

图 6-1　智能制造产线的组成

在本任务中，加工中心与数控车床加工的工件不同，因此在机器人抓取工件之前应先选择正确的工具手。智能制造产线加工的零件如图 6-2 所示。机器人根据主控 PLC 给定的抓料信号，自动判断工件类型并选取相应的工具手。产线配备了图 6-3 所示的 3 种工具手，其中零件 1 使用 1 号工具手抓取，零件 2 使用 2 号工具手抓取，零件 3 使用 3 号工具手抓取。

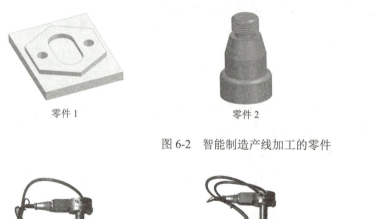

零件 1　　　　　　　　　　　零件 2　　　　　　　　　　　零件 3

图 6-2　智能制造产线加工的零件

工具手 1　　　　　　　　　　工具手 2　　　　　　　　　　工具手 3

图 6-3　机器人工具手

机器人的工具手放置在快换工具台上，由主控 PLC 发出从料仓取料信号后，机器人先自动安装正确工具手，再到料仓取料，完成取料后将工具手放回快换台（图 6-4）上。本任务需完成工具手的安装与工具手的放置的程序编程与示教调试。首先创建并正确命名程序，命名规则为"hand_pick×××+***"，其中×××为学生名字各拼音的首字母，***为学号后3位；然后在上述程序中利用示教盒进行现场编程操作，实现工具手的安装和工具手的放置。

图 6-4　工具手快换台

工具手的安装与更换工作步骤如下：

1）安装工具手：确定工件类型后，安装相应的工具手。

2）放置工具手：完成工件搬运后，放下当前的工具手。

进行工业机器人现场编程，将工业机器人切换至自动模式后，按下工业机器人示教盒程序启动按键（之后禁止对示教器进行任何操作），实现工业机器人自动完成工具手的安装与放置。

6.1.2　任务解析

问题 1　PTP 指令的运动模式是＿＿＿＿＿＿＿＿（填"点到点"或"直线"）运动；Lin指令的运动模式是＿＿＿＿＿＿＿（填"点到点"或"直线"）运动。

问题 2　连线：如图 6-5 所示，根据加工零件的形状选择相应的工具手并进行连线。

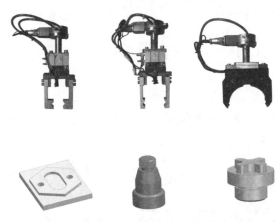

图 6-5　工具手与加工零件匹配

问题3　机器人原点（Home）位置应设置在哪里？采用何种位姿？为什么？

_____

_____

问题4　机器人抓取工件的运动路径规划通常使用"三点法"，即机器人抓取工件至少要示教3个工作姿态：原点、准备点、抓取点，这是为什么呢？

_____

_____

问题5　夹钳式工具手用来夹持圆柱形工件，一般选择_____指端。

　　A．平面　　　　　B．V形　　　　　C．一字形　　　　D．球形

问题6　写出图6-6所示工业机器人机械结构系统的名称。

1. _____　　　2. _____

3. _____　　　4. _____

5. _____

图6-6　工业机器人机械结构

6.2　实践操作

6.2.1　实施准备

1. 设备和工具

智能制造产线（包括数控车床、加工中心、机器人、料仓、安全门、加工工件毛坯）。

2. 实施要点

问题1　通常对机器人进行示教编程时，要求最初程序点与最终程序点的位置相同，这是为什么呢？

_____

问题2　智能制造产线中安全门的作用是什么？

_____

问题3　机器人的使能按钮共有几个挡位？分别有什么作用？

_____

问题 4　如果机器人在自动运行过程中发生了碰撞，应如何处理？

问题 5　在机器人编程中，为什么要在抓取工件的 I/O 信号触发前添加等待指令 WaitIsFinished？

问题 6　抓取点与原点、准备点之间的数据类型不同，抓取点为线性坐标，原点、准备点为关节坐标，这是为什么呢？

6.2.2　实施步骤

根据工作流程，将机器人取放工具手的动作进行分解，分为机器人取工具手 1、工具手 1 安装（I/O 控制）、机器人放工具手 1、工具手 1 放下（I/O 控制）。机器人自动换爪程序如表 6-1 所示。

表 6-1　机器人自动换爪程序

序号	程序名称	说明
1	main	主程序
2	hand1_pick	机器人取工具手
3	hand1_put	机器人放工具手

1.　创建程序

将机器人完成搬运的运动动作进行分解，每个设备取放动作、工具手取放、手爪开合创建为一个子程序，由主程序 main 根据主控 PLC 指令进行调用。

序号	操作步骤图示	说明
1	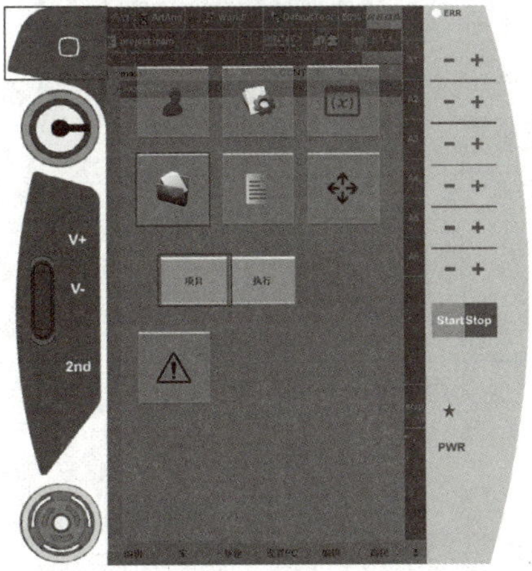	① 单击示教器左上角的菜单键； ② 在弹出的界面中单击"文件夹"按钮； ③ 单击"项目"按钮，创建新项目

续表

序号	操作步骤图示	说明
2	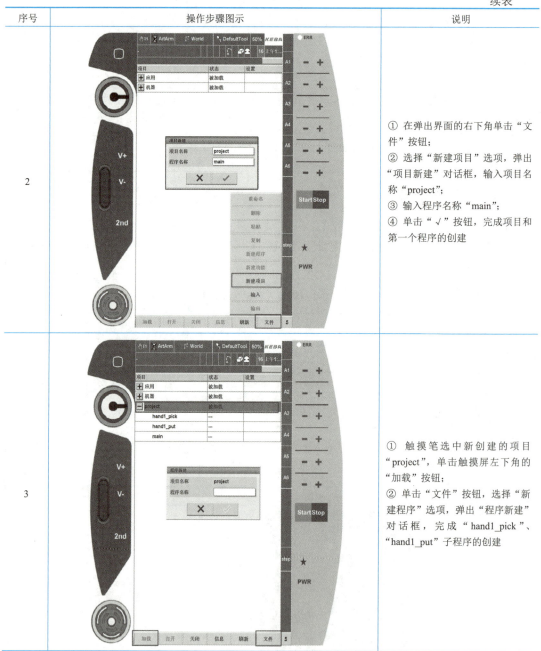	① 在弹出界面的右下角单击"文件"按钮; ② 选择"新建项目"选项,弹出"项目新建"对话框,输入项目名称"project"; ③ 输入程序名称"main"; ④ 单击"√"按钮,完成项目和第一个程序的创建
3		① 触摸笔选中新创建的项目"project",单击触摸屏左下角的"加载"按钮; ② 单击"文件"按钮,选择"新建程序"选项,弹出"程序新建"对话框,完成"hand1_pick"、"hand1_put"子程序的创建

注意:一个项目可包含多个程序,一个程序执行机器人的一个取或放动作。

2. 创建变量

根据机器人取放料路径所需的示教点创建位置变量,通常机器人的路径规划可通过"三点法"进行动作分解,即机器人取放物料时的轨迹点为原点(home)、准备点(ready)、抓取点（pos）。在本任务中，机器人的运动路径无其他障碍物，由上所述采用"三点法"进行编程。工具手取放共需创建 3 个示教点，分别为 hand_home、hand_ready 和 hand1_pos。本任务需创建的位置变量和速度变量如表 6-2 和表 6-3 所示。

表 6-2　位置变量

序号	示教点名称	数据类型	说明
1	hand_home	AXISPOS	机器人原点
2	hand_ready	AXISPOS	取放准备点
3	hand1_pos	CARTPOS	抓取点
4	off	CARTPOS	中间变量

表 6-3　速度变量

变量名称	数据类型	说明
v_slow	DYNAMIC	机器人的运行速度

在工具手取放过程中，机器人除了控制运动轨迹，同时还依据 I/O 控制信号控制工具手的吸合与分离。工具手的取放信号通常由厂家设定，本任务中的智能制造产线工具手取放 I/O 信号如表 6-4 所示。

表 6-4　工具手取放 I/O 信号

序号	I/O 名称	I/O 信号端口	数据类型	说明
1	hand_close	IoDOut[24]	BOOLSIGOUT	工具手吸合（取工具手）
2	hand_open	IoDOut[25]	BOOLSIGOUT	工具手分离（放工具手）
3	paw_close	IoDOut[30]	BOOLSIGOUT	手爪夹紧
4	paw_open	IoDOut[31]	BOOLSIGOUT	手爪张开

工具手取放 I/O 信号创建过程如下。

序号	操作步骤图示	说明
1	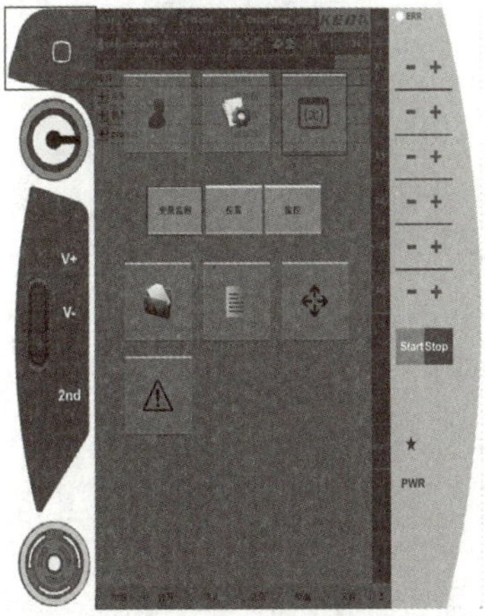	① 单击示教器左上角的菜单键；② 在弹出的界面中单击"变量"按钮；③ 单击"变量监测"按钮，进入变量编辑页面

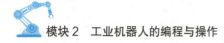

序号	操作步骤图示	说明
2	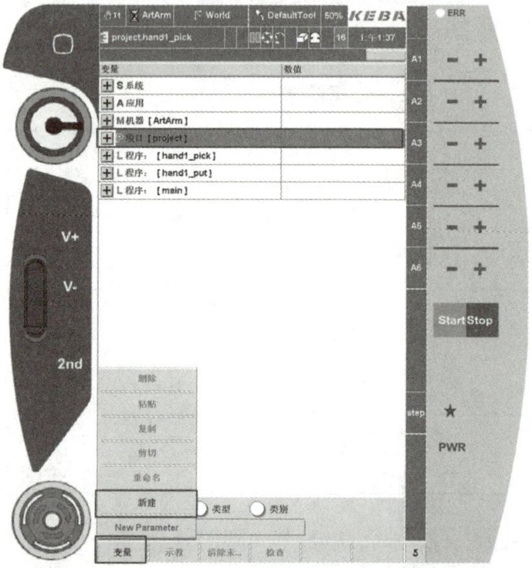	在变量编辑页面中，先单击"P 项目[project]"，再单击左下角的"变量"按钮，在弹出的页面中选择"新建"选项
3	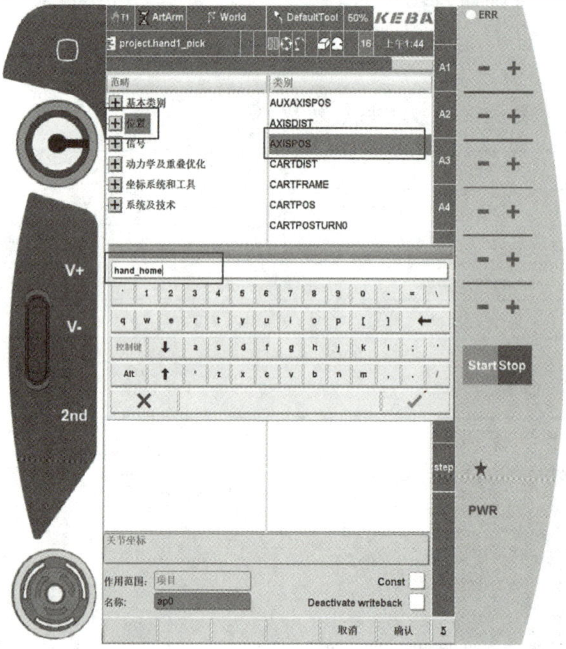	单击"位置"及右侧的类别，根据表6-2中的数据类型及命名创建位置变量：hand_home、hand_ready、hand1_pos

续表

序号	操作步骤图示	说明
4	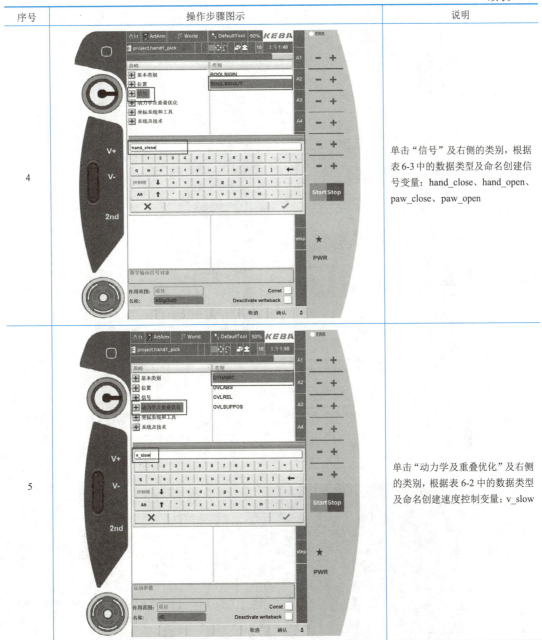	单击"信号"及右侧的类别，根据表 6-3 中的数据类型及命名创建信号变量：hand_close、hand_open、paw_close、paw_open
5		单击"动力学及重叠优化"及右侧的类别，根据表 6-2 中的数据类型及命名创建速度控制变量：v_slow

续表

序号	操作步骤图示	说明
6	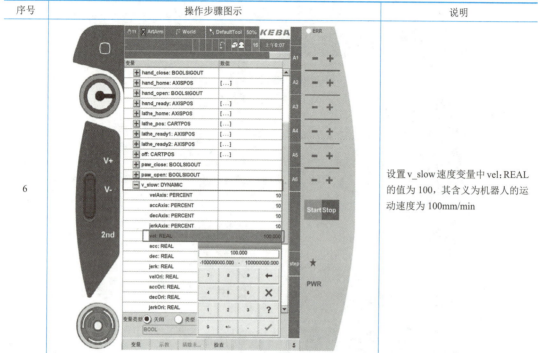	设置 v_slow 速度变量中 vel：REAL 的值为 100，其含义为机器人的运动速度为 100mm/min

3. 编辑程序

在 KEBA 机器人系统中，先创建程序变量再编程及示教的效率更高，方便程序管理、修改与重新示教、识读等。

序号	操作步骤图示	说明
1	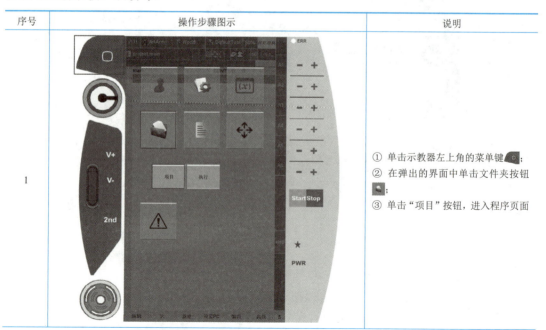	① 单击示教器左上角的菜单键 ； ② 在弹出的界面中单击文件夹按钮 ； ③ 单击"项目"按钮，进入程序页面

续表

序号	操作步骤图示	说明
2	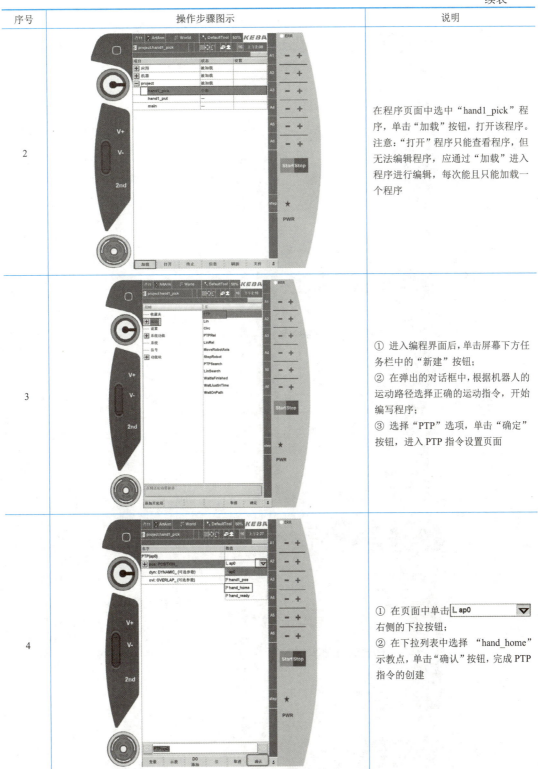	在程序页面中选中"hand1_pick"程序，单击"加载"按钮，打开该程序。注意："打开"程序只能查看程序，但无法编辑程序，应通过"加载"进入程序进行编辑，每次能且只能加载一个程序
3		① 进入编程界面后，单击屏幕下方任务栏中的"新建"按钮；② 在弹出的对话框中，根据机器人的运动路径选择正确的运动指令，开始编写程序；③ 选择"PTP"选项，单击"确定"按钮，进入 PTP 指令设置页面
4		① 在页面中单击 L ap0 右侧的下拉按钮；② 在下拉列表中选择 "hand_home" 示教点，单击"确认"按钮，完成 PTP 指令的创建

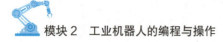

续表

序号	操作步骤图示	说明
5	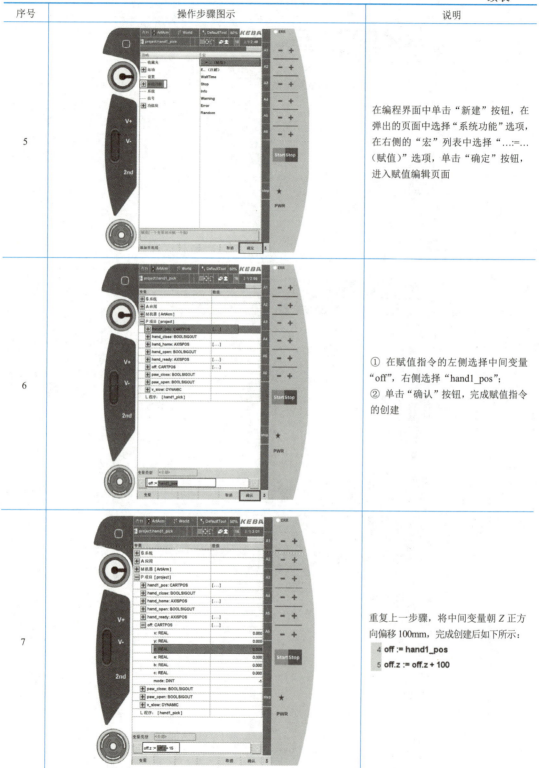	在编程界面中单击"新建"按钮，在弹出的页面中选择"系统功能"选项，在右侧的"宏"列表中选择"…:=…（赋值）"选项，单击"确定"按钮，进入赋值编辑页面
6		① 在赋值指令的左侧选择中间变量"off"，右侧选择"hand1_pos"； ② 单击"确认"按钮，完成赋值指令的创建
7		重复上一步骤，将中间变量朝 Z 正方向偏移 100mm，完成创建后如下所示： 4 off := hand1_pos 5 off.z := off.z + 100

续表

序号	操作步骤图示	说明
8	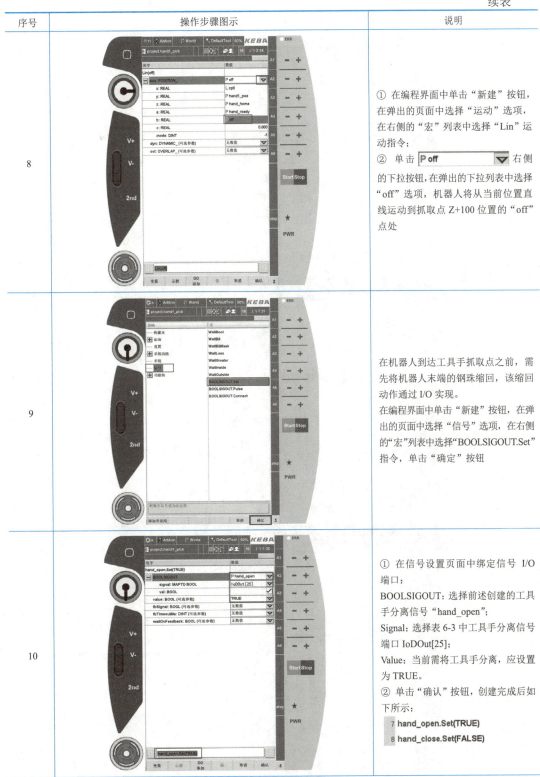	① 在编程界面中单击"新建"按钮，在弹出的页面中选择"运动"选项，在右侧的"宏"列表中选择"Lin"运动指令； ② 单击 **P off** 右侧的下拉按钮，在弹出的下拉列表中选择"off"选项，机器人将从当前位置直线运动到抓取点 Z+100 位置的"off"点处
9		在机器人到达工具手抓取点之前，需先将机器人末端的钢珠缩回，该缩回动作通过 I/O 实现。 在编程界面中单击"新建"按钮，在弹出的页面中选择"信号"选项，在右侧的"宏"列表中选择"BOOLSIGOUT.Set"指令，单击"确定"按钮
10		① 在信号设置页面中绑定信号 I/O 端口： BOOLSIGOUT：选择前述创建的工具手分离信号"hand_open"； Signal：选择表 6-3 中工具手分离信号端口 IoDOut[25]； Value：当前需将工具手分离，应设置为 TRUE。 ② 单击"确认"按钮，创建完成后如下所示： 7 hand_open.Set(TRUE) 8 hand_close.Set(FALSE)

续表

序号	操作步骤图示	说明
11	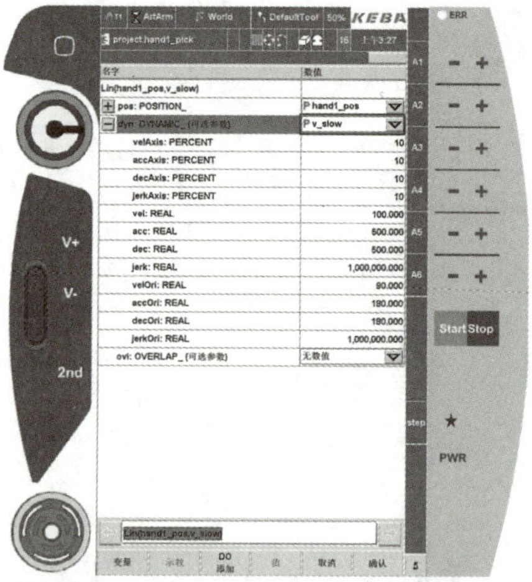	① 在手爪接近抓取零件时，应降低机器人的运动速度，可在运动指令设置对话框中选中"dyn:DYNAMIC"选项； ② 在右侧选择前述设置的速度控制指令"v_slow"，创建完成后如下所示： 9 Lin(hand1_pos, v_slow)
12	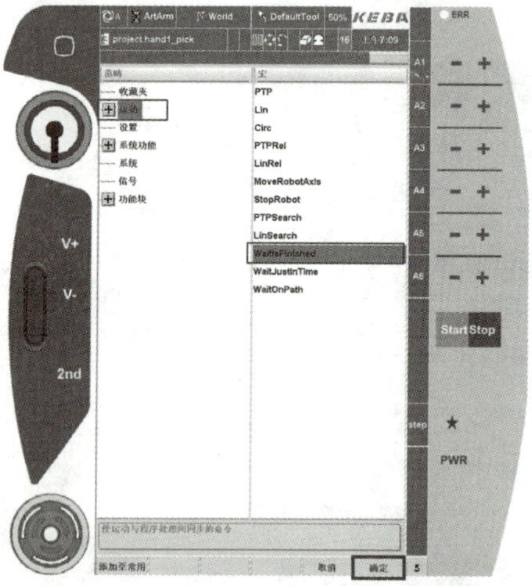	在控制工具手吸合钢珠弹出前，设置等待指令： ① 在编程界面中单击"新建"按钮，在弹出的页面中选择"运动"选项； ② 在右侧的"宏"列表中选择"WaitIsFinished"等待指令，单击"确定"按钮，创建完成后如下所示： 10 WaitIsFinished()
13	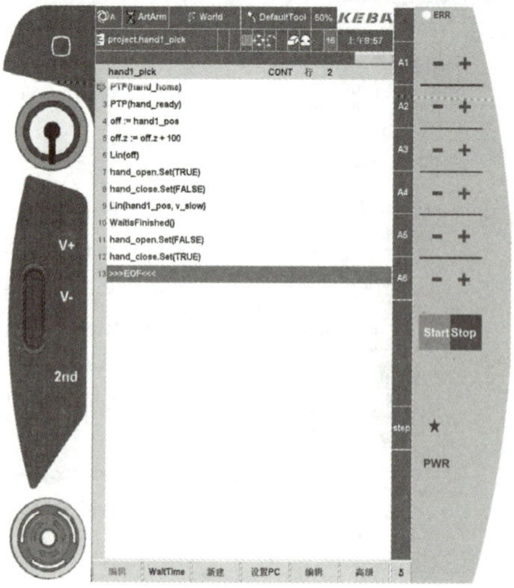	创建两个 I/O 控制指令控制工具手吸合，创建完成后如下所示： 11 hand_open.Set(FALSE) 12 hand_close.Set(TRUE)

序号	操作步骤图示	说明
14	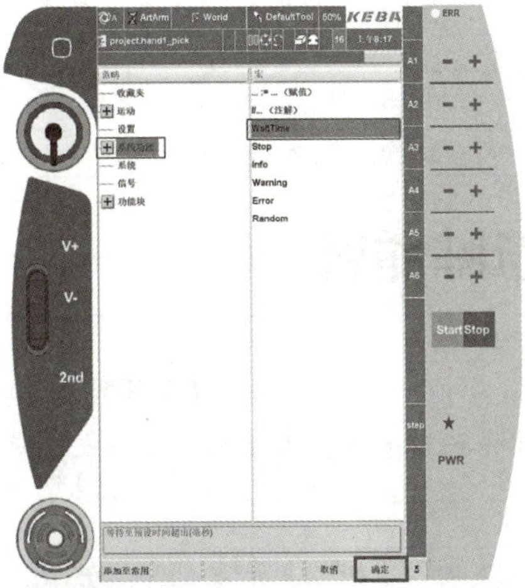	工具手吸合过程需要一定时间，不能立刻抬起工具手，应添加等待时间指令： 在编程界面中单击"新建"按钮，在弹出的页面中选择"系统功能"选项，在右侧的"宏"列表中选择"WaitTime"等待指令，单击"确定"按钮，创建完成后如下所示： 13 **WaitTime(1000)** 注：括号内数值 1000 的单位为 ms，即等待 1s
15	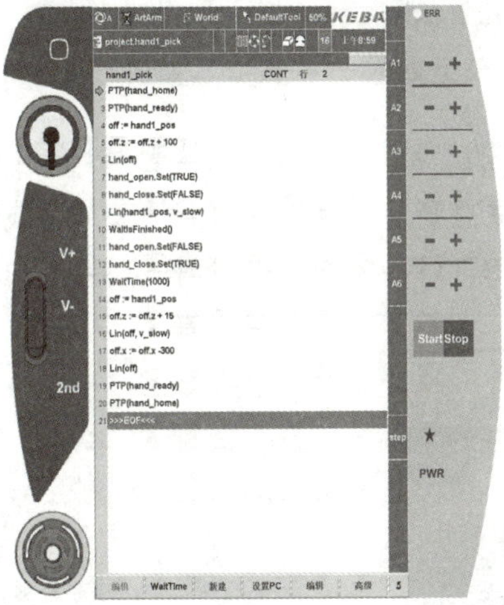	完成取 1 号工具手编程示例程序

注意：1. 抓取点数据类型为 CARTPOS，该数据类型记录机器人笛卡儿坐标信息（直角坐标：X、Y、Z、A、B、C），可对该数据类型示教点做直线偏移运动。

2. KEBA 系统中的机器人程序从上往下逐行扫描并执行运动指令，但 IO 指令仅受等待拦截，否则将依次瞬间执行所有 I/O 指令。因此，关键 I/O 指令前通常需加等待指令，如 WaitIsFinished 或 WaitTime 等。

取 1 号工具手示例程序解释如表 6-5 所示。

表 6-5　取 1 号工具手示例程序解释

段号	程序指令	程序解释
2	PTP(hand_home)	机器人以点到点运动方式从当前位置运动至工具手 home 点：hand_home
3	PTP(hand_ready)	机器人以点到点运动方式运动至 hand_ready
4	off := hand1_pos	将工具手抓取点的位置信息赋值给中间变量 off
5	off.z := off.z + 100	中间变量向 Z 正方向偏移 100mm
6	Lin(off)	以线性运动方式运动至抓取点上方 Z 正 100mm 处
7	hand_open.Set(TRUE)	工具手分离，钢珠缩回置位

续表

段号	程序指令	程序解释
8	hand_close.Set(FALSE)	工具手吸合, 钢珠弹出复位
9	Lin(hand1_pos, v_slow)	机器人以线性运动方式运动到抓取点位置处
10	WaitIsFinished()	等待上一步机器人运动到目标位置
11	hand_open.Set(FALSE)	工具手分离, 钢珠缩回复位
12	hand_close.Set(TRUE)	工具手吸合, 钢珠弹出置位
13	WaitTime(1000)	工具手吸合后等待 1s
14	off := hand1_pos	将工具手抓取点的位置信息赋值给中间变量 off
15	off.z := off.z + 15	中间变量向 Z 正方向偏移 100mm
16	Lin(off, v_slow)	机器人以线性运动方式低速运动至抓取点上方 15mm 位置处
17	off.x := off.x -300	中间变量向 X 负方向偏移 300mm
18	Lin(off)	机器人以线性运动方式运动至当前位置 X 负 300mm 位置处
19	PTP(hand_ready)	机器人以点到点运动方式运动至 hand_ready
20	PTP(hand_home)	机器人以点到点运动方式从当前位置运动至工具手 home 点: hand_home

4. 程序示教

完成程序编辑后, 程序中位置变量的参数均为 0, 因此需通过人工操作机器人调整姿态实际去示教 home、ready、pos 三个位置变量, 获得机器人的关节、线性坐标值。KEBA 系统的示教过程与其他品牌机器人的示教过程基本一致, 操作流程如下。

序号	操作步骤图示	说明
1	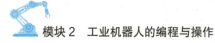	将示教器面板上的模式旋钮打到"手动"模式
2		按下示教器背部的使能键给机器人使能, 不放手

续表

序号	操作步骤图示	说明
3	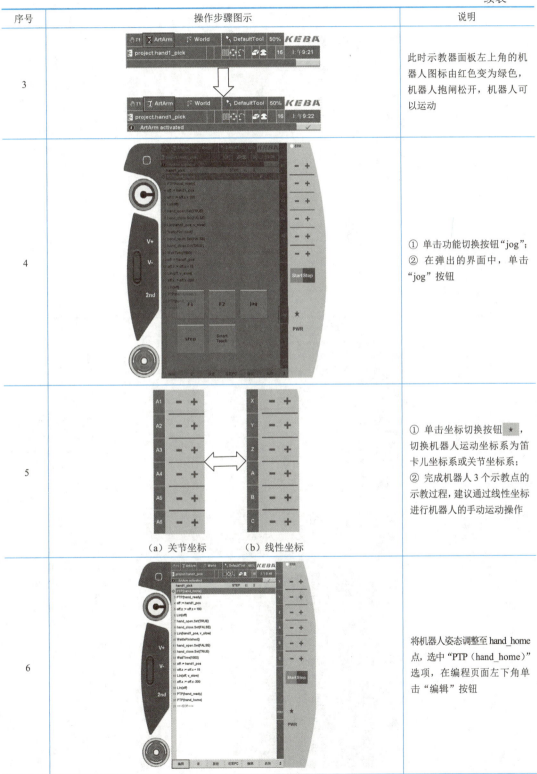	此时示教器面板左上角的机器人图标由红色变为绿色，机器人抱闸松开，机器人可以运动
4		① 单击功能切换按钮"jog"； ② 在弹出的界面中，单击"jog"按钮
5	（a）关节坐标　　（b）线性坐标	① 单击坐标切换按钮 ★ ，切换机器人运动坐标系为笛卡儿坐标系或关节坐标系； ② 完成机器人 3 个示教点的示教过程，建议通过线性坐标进行机器人的手动运动操作
6		将机器人姿态调整至 hand_home 点，选中"PTP（hand_home）"选项，在编程页面左下角单击"编辑"按钮

续表

序号	操作步骤图示	说明
7		① 进入 PTP 指令编辑界面，选中"pos:POSITION"选项（绿色底纹）； ② 单击任务栏中的"示教"按钮，记录当前坐标值，即将 a1～a6 的值置为机器人关节当前值

5. 程序验证

（1）程序单步验证

序号	操作步骤图示	说明
1		① 单击第一行程序将光标移动至第一行（绿色底纹）； ② 单击任务栏中的"设置PC"按钮，将箭头" ⇨ "移动至程序第一行
2		① 单击功能切换按钮"jog"； ② 在弹出的对话框中，单击"step"按钮

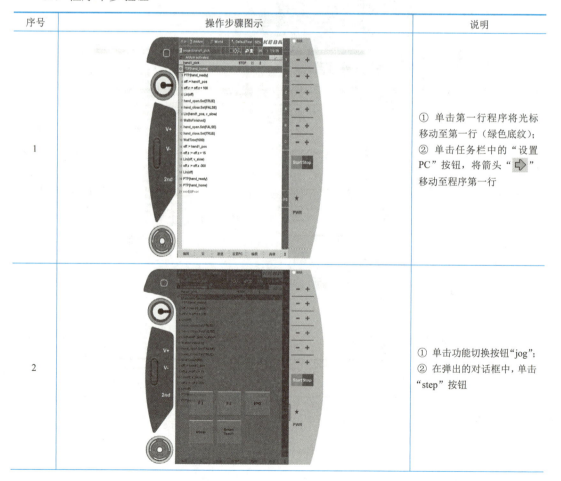

续表

序号	操作步骤图示	说明
3	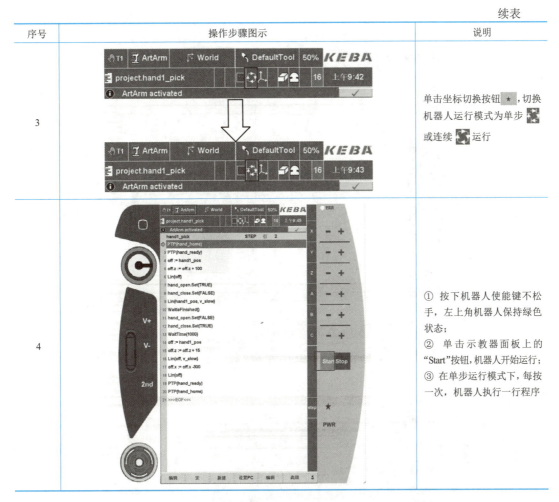	单击坐标切换按钮 ★ ，切换机器人运行模式为单步 或连续 运行
4		① 按下机器人使能键不松手，左上角机器人保持绿色状态； ② 单击示教器面板上的"Start"按钮，机器人开始运行； ③ 在单步运行模式下，每按一次，机器人执行一行程序

在单步运行模式下验证机器人运动路径示教点、速度、姿态切换的准确性和合理性。若在运行过程中发现不合理的示教点或机器人姿态，可即时调整机器人姿态并更新示教点关节信息。

（2）程序自动运行

序号	操作步骤图示	说明
1		将示教器面板上的模式旋钮打到"自动"模式

续表

序号	操作步骤图示	说明
2	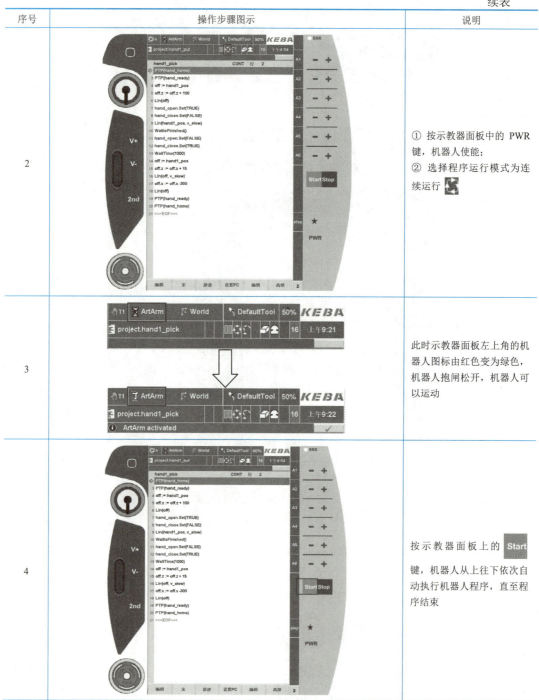	① 按示教器面板中的 PWR 键，机器人使能； ② 选择程序运行模式为连续运行
3		此时示教器面板左上角的机器人图标由红色变为绿色，机器人抱闸松开，机器人可以运动
4		按示教器面板上的 Start 键，机器人从上往下依次自动执行机器人程序，直至程序结束

　　本任务给出了取机器人工具手的详细步骤，请参照取工具手程序编写放机器人工具手程序，并完成示教及验证。

6.3　评价反馈

学生互评表如表 6-6 所示。可在对应表栏内打"√"。

表 6-6　学生互评表

序号	评价项目	优秀 （90%~100%）	良好 （80%~90%）	合格 （60%~80%）	未完成 （<60%）
1	准备充分				
2	按计划时间完成任务				
3	引导问题填写完成量				
4	操作技能熟练程度				
5	最终完成作品质量				
6	团队合作与沟通				
7	6S 管理				

存在的问题：

说明：此表作为教师综合评价参考；表中的百分数表示任务完成率。

教师综合评价表如表 6-7 所示。可在对应表栏内打"√"。

表 6-7　教师综合评价表

序号	评价项目	优秀 （90%~100%）	良好 （80%~90%）	合格 （60%~80%）	未完成 （<60%）
1	准备充分				
2	按计划时间完成任务				
3	引导问题填写完成量				
4	操作技能熟练程度				
5	最终完成作品质量				
6	操作规范				
7	安全操作				
8	6S 管理				
9	创新点				
10	团队合作与沟通				

续表

序号	评价项目	优秀 （90%～100%）	良好 （80%～90%）	合格 （60%～80%）	未完成 （<60%）
11	参与讨论主动性				
12	主动性				
13	展示汇报				

综合评价：

说明：共 13 个考核点，完成其中的 60%（即 8 个）及以上（即获得"合格"及以上）方为完成任务；如未完成任务，则须再次重新开始任务，直至同组同学和教师验收合格为止。

知识链接

1.　示教器面板介绍

示教器面板及其介绍如图 6-7 所示。

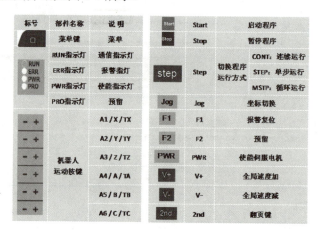

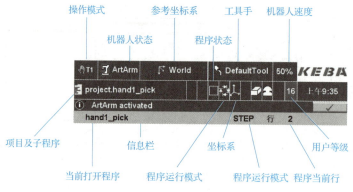

图 6-7　示教器面板及其介绍

2. 系统登录

开机后等待系统启动完成，此时仍不能进行操作，需要先获取操作权限。

用户等级是机器人系统管理操作权限的方式，不同的用户对应不同的操作权限。一般来说，机器人系统至少具备 3 种权限：操作员、程序员及管理员。其中，操作员权限限制为启动机器人；程序员可以编辑机器人程序并修改部分系统参数；管理员可以做所有操作。

KEBA 机器人开机后，需要进行用户登录，否则权限不够，很多功能不能使用。用户登录及用户等级如图 6-8 所示。

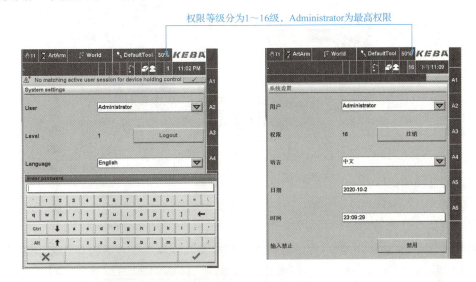

图 6-8　用户登录及用户等级

1）单击"User"下拉按钮，在弹出的下拉列表中选择"Administrator"选项，在弹出的密码输入对话框中输入密码"pass"，单击"√"按钮确认进入系统。

2）单击"Language"下拉按钮，在弹出的下拉列表中选择"中文"选项可切换为中文显示。

3. 机器人运动指令

KEBA 机器人系统中的运动指令与 ABB 系统中的运动指令功能基本相同，KEBA 系统机器人在空间中的运动方式有 3 种：关节运动（PTP）、线性运动（Lin）和圆弧运动（Circ），其程序结构如下。

（1）关节运动：PTP

程序格式：PTP(hand_home)

运动类型：关节运动。

关节参数：关节运动示教点内包含机器人运动轴的角度参数，如图 6-9 所示，显示该示教点下机器人 1～6 轴关节信息。

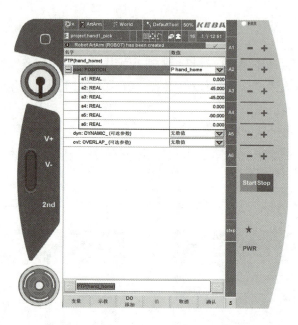

图 6-9　关节运动参数

（2）线性运动：Lin

程序格式：Lin(hand1_pos)

运动类型：线性运动。

关节参数：线性运动示教点内包含机器人运动轴的位置参数，如图 6-10 所示，显示该示教点下机器人 x、y、z、a、b、c 线性坐标信息。

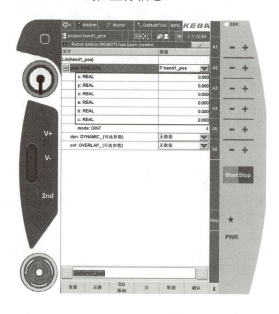

图 6-10　线性运动参数

（3）圆弧运动：Circ

程序格式：Circ(cp0, cp1)

运动类型：圆弧运动。

关节参数：圆弧运动包含 3 个示教点信息，即：机器人当前位姿、cp0、cp1 三点构成圆弧。圆弧运动参数如图 6-11 所示。

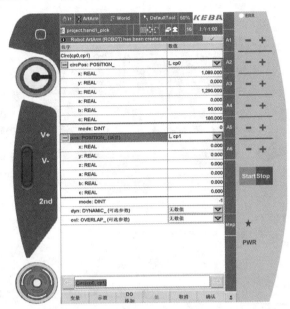

图 6-11　圆弧运动参数

4. 数据类型

本任务涉及多种数据类型，不同的数据类型具有不同的参数设置及作用。常用数据类型可分为两大类，即运动数据类型和 I/O 数据类型。

（1）运动数据类型

1）AXISPOS：关节型机器人坐标数据，通常用于 PTP 运动指令，包含机器人每个关节的旋转角度。该数据类型运动具有效率高、不易出现奇异点等优点，但动作幅度大、路径不确定。

2）CARTPOS：直角坐标型机器人坐标数据，通常用于 Lin、Circ 运动指令，包含机器人直角坐标位置信息，该数据类型运动具有运动路径线性、速度可控等优点，但运行效率低、易出现奇异点。

（2）I/O 数据类型

1）Bool：布尔型，为开关量，仅有两种状态，即 TRUE 和 FALSE，常用于控制工具手取放、手爪开合动作等。

2）DINT：双整型，带符号位的 32 位整数，取值范围为-2147483648～2147483648，

常用于与 PLC 交互控制指令，实现机器人多任务切换与执行。

5. 机器人第 7 轴（外部轴）控制

本任务中的机器人在多台设备间进行上下料，空间活动范围较大，因此加入第 7 轴（图 6-12）以增大机器人的工作空间。

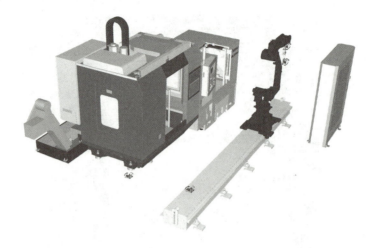

图 6-12　机器人第 7 轴

当前机器人示教器仅有 6 个关节控制按钮，第 7 轴的控制需进行翻页操作，第 7 轴手动控制方法（图 6-13）如下：

1）单击 "jog" 功能切换按钮，在弹出页面中选择 "jog" 方式；

2）单击坐标切换按钮 ★，切换坐标为关节模式 "A1-A6"；

3）按示教器背部的翻页键 "2nd"，出现 "aux1"；

4）在手动模式下按住机器人使能键，按 "aux1" 键旁边的 "+" "-" 号即可控制第 7 轴运动。

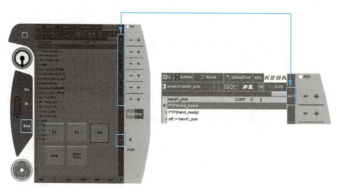

图 6-13　机器人第 7 轴控制

6. 运动路径规划

路径规划的定义：机器人依据某个或某些性能指标（如工作代价最小、行走路线最短、行走时间最短等），在运动空间中找到一条从起始状态到目标状态、可以避开障碍物的最优或者接近最优的路径。

接到某机器人工作任务时，要进行机器人运动路径规划，通常采用"三点法"进行编程示教，即 home（原点）、ready（姿态调整准备点）、pos（抓取点）。根据机器人所处环境的复杂程度，可适当增加机器人姿态来调整准备点数量，以提高机器人的运行效率，避免运动过程中出现奇异点。

一般情况下，机器人的起始点与结束点为相同点，即一次机器人任务的起始点与终点相同。

7. 赋值指令 "： ＝"

赋值指令用于给某变量赋值，"： ＝"指令的左侧为变量，右侧为表达式。左侧变量与右侧表达式的类型必须符合变量的数据类型。赋值指令格式如下：

$$A ： = B$$

上式所示为将 B 中的值赋予 A，即执行该指令后，$A = B$。

直 击 工 考

一、单选题

1. 机器人工具快换装置的优点在于（　　　）。
① 生产线更换可以在数秒内完成
② 维护和修理工具可以快速更换，大大降低停工时间
③ 在应用中使用 1 个以上的末端执行器，从而使柔性增加
④ 使用自动交换单一功能的末端执行器，代替原有笨重复杂的多功能工装执行器
    A．①②③　　　　　B．②③④　　　　　C．①②③④　　　　D．①②
2. 工业机器人中的 TCP 是（　　　）的原点。
    A．基座坐标系　　　　　　　　　B．工具坐标系
    C．用户坐标系　　　　　　　　　D．工件坐标系
3. 工业机器人常用减速器有（　　　）。
    A．齿轮减速器　　　　　　　　　B．蜗轮蜗杆减速器
    C．锥齿轮　　　　　　　　　　　D．谐波减速器和 RV 减速器
4. 工业机器人（　　　）适合夹持圆柱形工件。
    A．V 形手指　　　B．平面指　　　C．尖指　　　D．特型指

5．机器人手部的位姿是由（　　）构成的。

   A．姿态与位置 　　　　　　　B．位置与速度

   C．位置与运行状态 　　　　　D．姿态与速度

二、判断题

1．机器人工作站是指使用一台或多台机器人，配以相应的周边设备，用于完成某一特定工序作业的独立生产系统，也称机器人工作单元。　　　　　　　　　　　　　（　　）

2．对机器人进行示教时，示教人员必须事先接受过专门的培训才行，与示教人员一起进行作业的监护人员，处在机器人可动范围外时，必须事先接受过专门的培训，可进行共同作业。　　　　　　　　　　　　　　　　　　　　　　　　　　　　　　　（　　）

3．机器人的精度主要依存于机械误差、控制算法误差与分辨率系统误差。　（　　）

4．工具快换装置包括一个机器人侧，用来安装在机器人手臂上，还包括一个工具侧，用来安装在末端执行器上。　　　　　　　　　　　　　　　　　　　　　　　（　　）

5．工业机器人按用途可分为装配机器人、焊接机器人、喷涂机器人和搬运机器人等多种。　　　　　　　　　　　　　　　　　　　　　　　　　　　　　　　　　（　　）

6．原点位置校准是将机器人位置与绝对编码器位置进行对照的操作。　（　　）

7．通常对机器人进行示教编程时，要求最初程序点与最终程序点的位置相同。（　　）

智能制造产线的上下料编程与实操

【项目导读】

　　智能制造产线是智能车间和智能工厂的重要组成部分,是实现生产物料流转的基本生产单元。智能制造产线的物料流转主要通过输送带、变位机、机器人等设备实现。其中,机器人物料搬运因其较好的工作柔性,成为柔性生产和智能制造产线的重要一环。本实训项目以 KEBA 系统机器人在智能制造产线中实现料仓、加工中心和车床之间的物料搬运为例,介绍机器人上下料编程与实操应用。

【学习目标】

1. 掌握程序调用指令 CALL 指令的使用方法;
2. 掌握流程控制指令 IF 指令的使用方法;
3. 能运用"三点法"进行机器人上下料运动路径规划;
4. 能正确运用布尔型、整型变量控制机器人手爪及机床卡盘的张开与夹紧;
5. 了解全局变量、程序变量的区别与联系;
6. 学会智能制造产线机器人上下料编程与示教方法。

7.1　工作任务分析

7.1.1　任务内容

　　智能制造产线(图 7-1)由车床、加工中心、机器人、料仓、安全门等组成。工业机器人主要完成料仓与车床、加工中心之间的物料搬运过程。

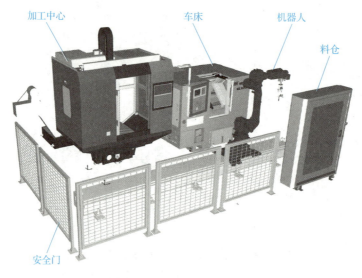

图 7-1　智能制造产线的组成

　　本任务承接实训项目 6。机器人完成工具手的安装后，根据主控 PLC 给定的控制信号先到料仓取料，将取出的坯料放置到车床进行加工；车床完成加工后，取出半成品放置到加工中心进行加工；加工中心加工完成后，将成品取出放回料仓；最后，将工具手放回快换工具台。智能制造产线工作流程如图 7-2 所示。

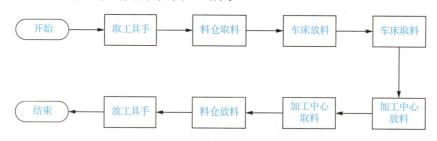

图 7-2　智能制造产线工作流程

7.1.2　任务解析

问题 1　主程序与子程序有何区别？如何确定主程序？

问题 2　PLC 与机器人之间如何进行信号交互？机器人如何通过 PLC 信号控制机床卡盘的张开与夹紧？

问题 3　IF 指令如何实现在料仓、车床、加工中心之间上下料的流程控制？

问题 4 机器人程序的执行采用_____的方式，从第一条指令逐次扫描至程序的结尾，不断循环。

问题 5 LABEL 指令与 GOTO 指令如何实现程序内跳转？跳转有何作用？

问题 6 工业机器人发生突发事故时，可以按下_____，可切断动力电源。

7.2 实践操作

7.2.1 实施准备

1. 设备和工具

智能制造产线（包括车床、加工中心、机器人、料仓、安全门、加工工件毛坯等）。

2. 实施要点

问题 1 WaitIsFinished、WaitTime 和 WAIT 三者有何区别？何时使用 WaitIsFinished？何时使用 WaitTime？何时使用 WAIT？

问题 2 主程序（main）开始为何要将 I/O 信号进行初始化？

问题 3 机器人如何控制车床、加工中心卡盘的张开与夹紧？

问题 4 为何机器人执行子程序前给 PLC 发送 IoIOut[0]:=200，执行完子程序后给 PLC 发送 IoIOut[0]:=100？

问题 5 机器人经常使用的程序可以设置为主程序，每台机器人可以设置_____个主程序。

A. 1   B. 2   C. 3   D. 无限制

问题 6 如何实现手爪的张开与夹紧？试编写手爪控制程序。

7.2.2 实施步骤

本任务需完成机器人在料仓、车床、加工中心的上下料的编程与示教调试。创建并正

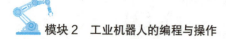

确命名项目，项目命名规则为"×××_***"，其中×××为学生名字各拼音的首字母，***为学号后 3 位。

根据机器人的工作流程，将机器人上下料运动分解为：料仓取料、料仓放料、车床上料、车床下料、加工中心上料、加工中心下料。在 project 项目下创建子程序，如表 7-1 所示。

表 7-1 智能制造产线机器人上下料程序

序号	程序名称	说明
1	main	主程序
2	hand1_pick	机器人取工具手
3	hand1_put	机器人放工具手
4	wp_pick_w11	机器人料仓 1 行 1 列取料
5	wp_put_w11	机器人料仓 1 行 1 列放料
6	lathe_pick	机器人车床下料
7	lathe_put	机器人车床上料
8	cnc_pick	机器人加工中心下料
9	cnc_put	机器人加工中心上料

1. 创建程序

将机器人搬运过程中的取放动作分别创建为子程序。

操作步骤图示	说明
<table><tr><td>项目</td><td>状态</td><td>设置</td></tr><tr><td>应用</td><td>被加载</td><td>A2</td></tr><tr><td>机器</td><td>被加载</td><td></td></tr><tr><td>project</td><td>被加载</td><td>A3</td></tr><tr><td>cnc_pick</td><td>--</td><td></td></tr><tr><td>cnc_put</td><td>--</td><td>A4</td></tr><tr><td>hand1_pick</td><td></td><td></td></tr><tr><td>hand1_put</td><td></td><td></td></tr><tr><td>lathe_pick</td><td></td><td>A5</td></tr><tr><td>lathe_put</td><td></td><td></td></tr><tr><td>main</td><td>中断</td><td></td></tr><tr><td>wp_pick_w11</td><td></td><td>A6</td></tr><tr><td>wp_put_w11</td><td></td><td></td></tr></table>	根据表 7-1 完成子程序的创建(子程序创建方法详见 6.2.2 节中的"1. 创建程序")： ① wp_pick_w11； ② wp_put_w11； ③ lathe_pick； ④ lathe_put； ⑤ cnc_pick； ⑥ cnc_put

2. 创建变量

根据"三点法"进行机器人上下料动作分解，即机器人每个取放动作分解为原点（home）、准备点（ready）、抓取点（pos）。根据机器人实际上下料的环境可适当增减准备点的数量，本任务需创建的位置变量和速度变量如表 7-2 和表 7-3 所示。

表 7-2 位置变量

序号	变量名称	数据类型	说明
1	wp_home	AXISPOS	料仓取放料原点
2	wp_ready	AXISPOS	料仓取放料准备点
3	wp_w11	CARTPOS	料仓 1 行 1 列抓取点
4	lathe_home	AXISPOS	车床上下料原点

续表

序号	变量名称	数据类型	说明
5	lathe_ready1	AXISPOS	车床上下料准备点 1
6	lathe_ready2	AXISPOS	车床上下料准备点 2
7	lathe_pos	CARTPOS	车床抓取点
8	cnc_home	AXISPOS	加工中心上下料原点
9	cnc_ready1	AXISPOS	加工中心上下料准备点 1
10	cnc_ready2	AXISPOS	加工中心上下料准备点 2
11	cnc_pos	CARTPOS	加工中心抓取点
12	off	CARTPOS	中间变量

表 7-3　速度变量

变量名称	数据类型	说明
v_slow	DYNAMIC	机器人运行速度

在工具手取放过程中，机器人除了控制运动的动作，同时还需依据 I/O 控制信号控制工具手的吸合、分离与手爪的张开、夹紧。本任务需创建的工具手控制 I/O 变量可参考表 7-4。

表 7-4　工具手控制 I/O 变量

序号	I/O 名称	I/O 信号端口	数据类型	说明
1	hand_close	IoDOut[24]	BOOLSIGOUT	工具手吸合
2	hand_open	IoDOut[25]	BOOLSIGOUT	工具手分离
3	paw_close	IoDOut[30]	BOOLSIGOUT	手爪夹紧
4	paw_open	IoDOut[31]	BOOLSIGOUT	手爪张开

根据本任务涉及的位置和控制要求，创建位置变量和控制 I/O 变量。

操作步骤图示	说明
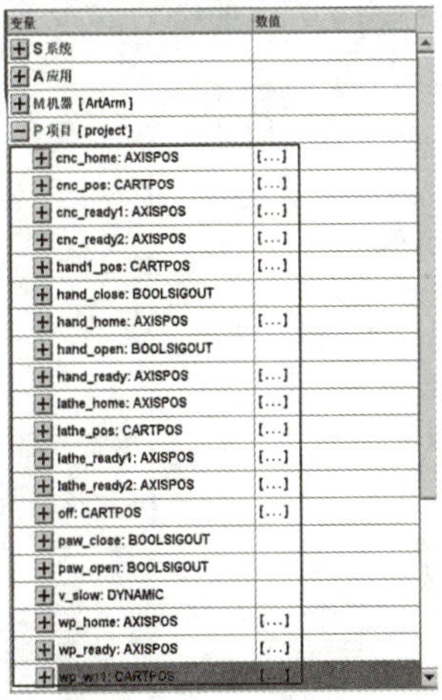	根据表 7-2～表 7-4 创建位置变量、控制 I/O 变量（变量创建方法详见 6.2.2 节中的"2. 创建变量"）

本任务中 PLC 给机器人发送信号以指挥机器人在多台设备间完成上下料,该信号称为示教信号。PLC 与机器人间可通过整型数据传递信息。车床和加工中心卡盘 I/O 变量如表 7-5 所示。

表 7-5　车床和加工中心卡盘 I/O 变量

序号	I/O 信号端口	数据类型	状态	说明
1	IoIIn[0]	DINT	IoIIn[0]=100	机器人状态字,机器人空闲
			IoIIn[0]=200	机器人状态字,机器人运行中
2	IoIIn[1]	DINT	IoIIn[1]=11	示教号=11,料仓取料
			IoIIn[1]=12	示教号=12,料仓放料
			IoIIn[1]=21	示教号=21,车床下料
			IoIIn[1]=22	示教号=22,车床上料
			IoIIn[1]=31	示教号=31,加工中心下料
			IoIIn[1]=32	示教号=32,加工中心上料
3	IoIIn[8]	DINT	IoIIn[8]=1	确认车床卡盘张开
			IoIIn[8]=0	确认车床卡盘夹紧
4	IoIIn[9]	DINT	IoIIn[9]=1	确认铣床卡盘张开
			IoIIn[9]=0	确认铣床卡盘夹紧
5	IoIOut[0]	DINT	IoIOut[0]:=100	机器人控制字,机器人空闲
			IoIOut[0]:=200	机器人控制字,机器人运行
6	IoIOut[7]	DINT	IoIOut[7]:=100	控制车床卡盘张开
			IoIOut[7]:=0	控制车床卡盘夹紧
7	IoIOut[8]	DINT	IoIOut[8]:=100	控制铣床卡盘张开
			IoIOut[8]:=0	控制铣床卡盘夹紧

3. 编辑程序

机器人上下料过程相似,因此这里仅给出上料过程编程,下料过程编程请参照上料过程编程独立完成。

（1）料仓取料

序号	操作步骤图示	说明
1	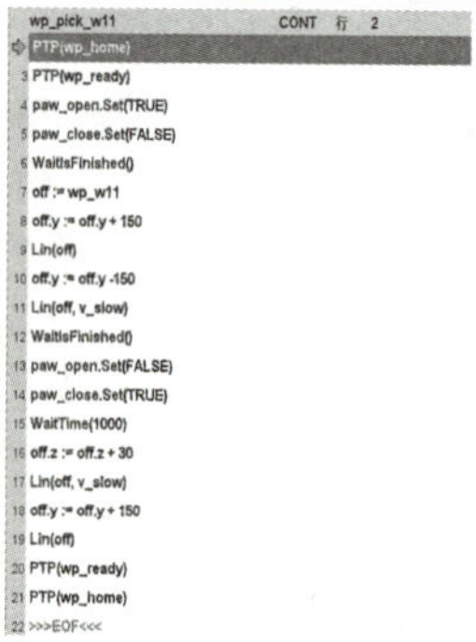	参照 6.2.2 节中的"3. 编辑程序",创建料仓 1 行 1 列取料程序

续表

序号	操作步骤图示	说明
2	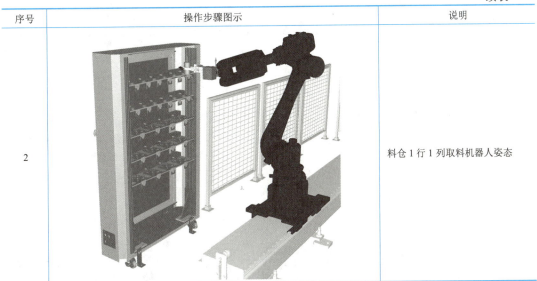	料仓 1 行 1 列取料机器人姿态

料仓取料示例程序如表 7-6 所示。

表 7-6 料仓取料示例程序

段号	程序指令	程序解释
1	PTP(wp_home)	机器人以点到点运动方式从当前位置运动至料仓原点 wp_home
2	PTP(wp_ready)	机器人以点到点运动方式运动至 wp_ready
3	paw_open.Set(TRUE)	机器人手爪张开
4	paw_close.Set(FALSE)	
5	WaitIsFinished()	等待以上指令执行完成
6	off := wp_w11	将料仓 1 行 1 列抓取点位置信息赋值给中间变量 off
7	off.y := off.y + 150	中间变量向 y 正方向偏移 150mm
8	Lin(off)	机器人以线性运动方式运动至抓取点 y 正 150mm 处
9	off.y := off.y −150	中间变量向 y 负方向偏移 150mm
10	Lin(off, v_slow)	机器人以低速线性运动方式运动至抓取点 wp_w11 处
11	WaitIsFinished()	等待机器人运动到位
12	paw_open.Set(FALSE)	机器人手爪夹紧工件
13	paw_close.Set(TRUE)	
14	WaitTime(1000)	等待 1s
15	off.z := off.z + 30	中间变量向 z 正方向偏移 30mm
16	Lin(off, v_slow)	机器人以线性运动方式运动至抓取点 z 正 30mm 处
17	off.y := off.y + 150	中间变量向 y 正方向偏移 150mm
18	Lin(off)	机器人以线性运动方式运动至当前位置 y 正 150mm 处
19	PTP(wp_ready)	机器人以点到点运动方式运动至 wp_ready
20	PTP(wp_home)	机器人以点到点运动方式从当前位置运动至料仓原点 wp_home

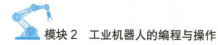

（2）车床上料

序号	操作步骤图示	说明
1	lathe_put　　CONT 行 2 PTP(lathe_home) 3 PTP(lathe_ready1) 4 PTP(lathe_ready2) 5 WaitIsFinished() 6 IoIOut[7] := 100 7 WAIT IoIIn[8] = 1 8 WaitTime(1000) 9 off := lathe_pos 10 off.x := off.x + 100 11 Lin(off) 12 Lin(lathe_pos, v_slow) 13 WaitIsFinished() 14 IoIOut[7] := 0 15 WAIT IoIIn[8] = 0 16 paw_open.Set(TRUE) 17 paw_close.Set(FALSE) 18 WaitTime(1000) 19 off.x := off.x + 100 20 Lin(off, v_slow) 21 PTP(lathe_ready2) 22 PTP(lathe_ready1) 23 PTP(lathe_home) 24 >>>EOF<<<	参照 6.2.2 节中的"3. 编辑程序"，创建车床上料程序
2	变量　　数值 S 系统 ER_ModbusGet: ModbusDat ER_ModbusSet: ModbusDat ER_ProfibusGet: ProfibusDat ER_ProfibusSet: ProfibusDat ER_Retain: RetainData ER_Vision: ER_VisionRC_In_T Flange: FLANGETOOL CONS IoAIn: ARRAY OF REAL IoAOut: ARRAY OF REAL IoDIn: ARRAY OF BOOL IoDOut: ARRAY OF BOOL IoIIn: ARRAY OF DINT IoIOut: ARRAY OF DINT [0]: DINT　0 [1]: DINT　0 [2]: DINT　0 [3]: DINT　0 [4]: DINT　0 [5]: DINT　0 [6]: DINT　0 [7]: DINT　0 [8]: DINT　0 [9]: DINT　0 变量类型 <全部> IoIOut[7] := 0 变量　　取消　确认	IoIOut[7]:=100 的创建方法如下： ① 在编程界面中单击"新建"按钮，在弹出的页面中选择"系统功能"选项，在右侧的"宏"列表中选择"…:=…（赋值）"选项，单击"确定"按钮进入赋值编辑页面； ② 在赋值指令页面的左下角选择"更改"选项，在弹出的页面中单击"S 系统"前的"+"，展开列表，选择"IoIOut[7]"选项，单击"确认"按钮，创建完成
3	变量　　数值 S 系统 ER_ModbusGet: ModbusDat ER_ModbusSet: ModbusDat ER_ProfibusGet: ProfibusDat ER_ProfibusSet: ProfibusDat ER Retain: RetainData ER_Vision: ER_VisionRC_In_T Flange: FLANGETOOL CONS IoAIn: ARRAY OF REAL IoAOut: ARRAY OF REAL IoDIn: ARRAY OF BOOL IoDOut: ARRAY OF BOOL IoIIn: ARRAY OF DINT [0]: DINT　0 [1]: DINT　0 [2]: DINT　0 [3]: DINT　0 [4]: DINT　0 [5]: DINT　0 [6]: DINT　0 [7]: DINT　0 [8]: DINT　0 [9]: DINT　0 [10]: DINT 变量类型 <全部> WAIT IoIIn[8] = 1 变量　　取消　确认	WAIT IoIIn[8]:=1 的创建方法如下： ① 在编程界面中单击"新建"按钮，在弹出的页面中选择"系统"选项，在右侧的"宏"列表中选择"WAIT…"赋值，单击"确定"按钮，进入 WAIT 编辑页面； ② 在 WAIT 指令页面中的任务栏中选择"替换"选项，在弹出的页面中单击"变量"按钮，进入变量创建页面，单击"S 系统"前的"+"，展开列表，选择"IoIIn[8]"选项，并赋值为 1，单击"确认"按钮，创建完成

序号	操作步骤图示	说明
4	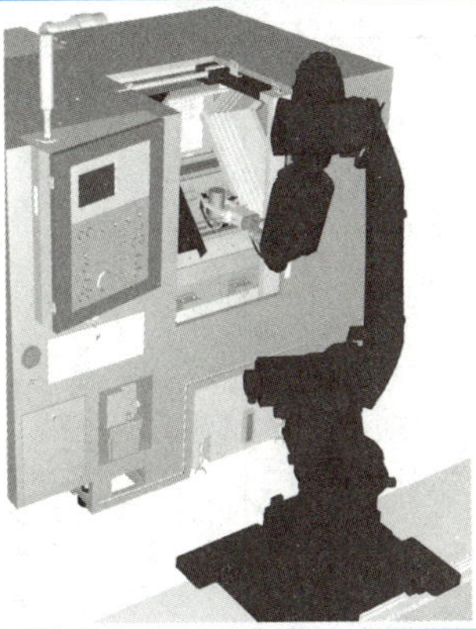	机器人车床上料

车床上料示例程序如表 7-7 所示。

表 7-7　车床上料示例程序

段号	程序指令	程序解释
1	PTP(lathe_home)	机器人以点到点运动方式从当前位置运动至车床原点 lathe_home
2	PTP(lathe_ready1)	机器人以点到点运动方式运动至 lathe_ready1
3	PTP(lathe_ready2)	机器人以点到点运动方式运动至 lathe_ready2
4	WaitIsFinished()	等待机器人运动到位
5	IoIOut[7] := 100	控制车床卡盘张开
6	WAIT IoIIn[8] = 1	确认车床卡盘张开后才能继续往下运行
7	WaitTime(1000)	等待 1s
8	off := lathe_pos	将车床抓取点的位置信息赋值给中间变量 off
9	off.x := off.x + 100	中间变量向 x 正方向偏移 100mm
10	Lin(off)	机器人以线性运动方式运动至抓取点 x 正 100mm 处
11	off.x := off.x − 100	中间变量向 x 负方向偏移 100mm
12	Lin(off, v_slow)	机器人以线性运动方式运动至车床抓取点位置处
13	WaitIsFinished()	等待上一步机器人运动到目标位置
14	IoIOut[7] := 0	控制车床卡盘夹紧
15	WAIT IoIIn[8] = 0	确认车床卡盘夹紧后才能继续往下运行
16	paw_open.Set(TRUE)	机器人手爪张开
17	paw_close.Set(FALSE)	
18	WaitTime(1000)	等待 1s
19	off.x := off.x + 100	中间变量向 x 正方向偏移 100mm
20	Lin(off, v_slow)	机器人以线性运动方式运动至抓取点 x 正 100mm 处
21	PTP(lathe_ready2)	机器人以点到点运动方式运动至 lathe_ready2
22	PTP(lathe_ready1)	机器人以点到点运动方式运动至 lathe_ready1
23	PTP(lathe_home)	机器人以点到点运动方式从当前位置运动至车床原点 lathe_home

（3）加工中心上料

序号	操作步骤图示	说明
| 1 | ```
cnc_put                    CONT  行 24
 2 PTP(cnc_home)
 3 PTP(cnc_ready1)
 4 PTP(cnc_ready2)
 5 WaitIsFinished()
 6 IoIOut[8] := 100
 7 WAIT IoIIn[9] = 1
 8 WaitTime(1000)
 9 off := cnc_pos
10 off.z := off.z + 100
11 Lin(off)
12 off.z := off.z -100
13 Lin(off, v_slow)
14 WaitIsFinished()
15 IoIOut[8] := 0
16 WAIT IoIIn[9] = 0
17 paw_open.Set(TRUE)
18 paw_close.Set(FALSE)
19 WaitTime(1000)
20 off.y := off.y -150
21 Lin(off, v_slow)
22 PTP(cnc_ready2)
23 PTP(cnc_ready1)
   PTP(cnc_home)
25 >>>EOF<<<
``` | 参照6.2.2节中的"3.编辑程序"，创建加工中心上料程序 |
| 2 |  | 加工中心上料 |

注：加工中心上料与车床上料基本相同，此处不再赘述。

（4）主程序

机器人每次仅能设置一个程序为主程序，主程序通过调用子程序实现机器人各上下料动作，进行动作流程控制。
```

操作步骤图示	说明
	编辑主程序，并进行初始化，通过流程控制指令 IF…ELSIF…THEN…END_IF 进行流程控制； 通过 LABEL 指令与 GOTO 指令实现循环扫描，创建方法详见"知识链接"

主程序示例程序如表 7-8 所示。

表 7-8　主程序示例程序

段号	程序指令	程序解释
1	hand_close.Set(FALSE)	工具手吸合信号复位
2	hand_open.Set(FALSE)	工具手分离信号复位
3	paw_close.Set(FALSE)	手爪夹紧信号复位
4	paw_open.Set(FALSE)	手爪张开信号复位
5	IoIOut[7] := 0	控制车床卡盘夹紧
6	IoIOut[8] := 0	控制加工中心卡盘夹紧
7	PTP(hand_home)	机器人运动至 hand_home
8	IoIOut[0] := 100	机器人给 PLC 发信号：机器人当前空闲
9	WaitIsFinished()	确认以上初始化操作全部完成
10	LABEL start	循环开始标签
11	WHILE IoIIn[0] = 100 DO	判断当 IoIIn[0]=100 时，执行 IF 指令；否则，返回至 LABEL start 处继续往下扫描
12	IF IoIIn[1] = 11 THEN	当示教号=11 时，执行料仓取料程序
13	IoIOut[0] := 200	机器人给 PLC 发信号：机器人当前运行中
14	WaitIsFinished()	等待以上信号发送完成
15	CALL hand1_pick()	调用取 1 号工具手子程序
16	CALL wp_pick_w11()	调用料仓 1 行 1 列取料子程序
17	WaitIsFinished()	等待取料完成
18	IoIOut[0] := 100	机器人给 PLC 发信号：机器人当前空闲
19	ELSIF IoIIn[1] = 12 THEN	当示教号=12 时，执行料仓放料程序
20	IoIOut[0] := 200	机器人给 PLC 发信号：机器人当前运行中
21	WaitIsFinished()	等待以上信号发送完成

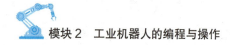

续表

段号	程序指令	程序解释
22	CALL wp_put_w11()	调用料仓1行1列放料子程序
23	WaitIsFinished()	等待放料完成
24	IoIOut[0] := 100	机器人给PLC发信号：机器人当前空闲
25	ELSIF IoIIn[1] = 21 THEN	当示教号=21时，执行车床下料程序
26	IoIOut[0] := 200	机器人给PLC发信号，机器人当前运行中
27	WaitIsFinished()	等待以上信号发送完成
28	CALL lathe_pick()	调用车床下料子程序
29	WaitIsFinished()	等待下料完成
30	IoIOut[0] := 100	机器人给PLC发信号：机器人当前空闲
31	ELSIF IoIIn[1] = 22 THEN	当示教号=22时，执行车床上料程序
32	IoIOut[0] := 200	机器人给PLC发信号，机器人当前运行中
33	WaitIsFinished()	等待以上信号发送完成
34	CALL lathe_put()	调用车床上料子程序
35	WaitIsFinished()	等待上料完成
36	IoIOut[0] := 100	机器人给PLC发信号：机器人当前空闲
37	ELSIF IoIIn[1] = 31 THEN	当示教号=31时，执行加工中心下料程序
38	IoIOut[0] := 200	机器人给PLC发信号：机器人当前运行中
39	WaitIsFinished()	等待以上信号发送完成
40	CALL cnc_pick()	调用车床下料子程序
41	WaitIsFinished()	等待下料完成
42	IoIOut[0] := 100	机器人给PLC发信号：机器人当前空闲
43	ELSIF IoIIn[1] = 32 THEN	当示教号=32时，执行加工中心上料程序
44	IoIOut[0] := 200	机器人给PLC发信号：机器人当前运行中
45	WaitIsFinished()	等待以上信号发送完成
46	CALL cnc_put()	调用车床上料子程序
47	WaitIsFinished()	等待上料完成
48	IoIOut[0] := 100	机器人给PLC发信号：机器人当前空闲
49	END_IF	IF语句结束标识符
50	END_WHILE	WHILE语句结束标识符
51	GOTO start	回到"LABEL start"标识处继续向下扫描

4. 程序示教

本任务机器人对料仓、车床、加工中心进行上下料，涉及11个机器人位姿。因机器人与车床、加工中心间位置较窄，易发生碰撞，车床与加工中心上下料各需2个示教点。在手动模式下，手动操作机器人进行11个机器人位姿的示教，示教方法参考6.2.2节中的"4. 程序示教"。

5．程序验证

（1）子程序验证

在单步运行模式下验证各子程序机器人运动路径示教点、速度、姿态切换的准确性和合理性，若在运行过程中发现不合理的示教点或机器人姿态，可即时调整机器人姿态并更新示教点关节信息。

（2）主程序验证

加载主程序 main，机器人 3 个工具手放回快换工具台上，配合 PLC 信号，验证机器人从取工具手→料仓取料→车床上料→车床下料→加工中心上料→加工中心下料→料仓放料→放工具手的工作流程。

7.3　评价反馈

学生互评表如表 7-9 所示。可在对应表栏内打"√"。

表 7-9　学生互评表

序号	评价项目	优秀 （90%～100%）	良好 （80%～90%）	合格 （60%～80%）	未完成 （<60%）
1	准备充分				
2	按计划时间完成任务				
3	引导问题填写完成量				
4	操作技能熟练程度				
5	最终完成作品质量				
6	团队合作与沟通				
7	6S 管理				

存在的问题：

说明：此表作为教师综合评价参考；表中的百分数表示任务完成率。

教师综合评价表如表 7-10 所示。可在对应表栏内打"√"。

表7-10　教师综合评价表

序号	评价项目	优秀 （90%～100%）	良好 （80%～90%）	合格 （60%～80%）	未完成 （<60%）
1	准备充分				
2	按计划时间完成任务				
3	引导问题填写完成量				
4	操作技能熟练程度				
5	最终完成作品质量				
6	操作规范				
7	安全操作				
8	6S 管理				
9	创新点				
10	团队合作与沟通				
11	参与讨论主动性				
12	主动性				
13	展示汇报				

综合评价：

说明：共 13 个考核点，完成其中的 60%（即 8 个）及以上（即获得"合格"及以上）方为完成任务；如未完成任务，则须再次重新开始任务，直至同组同学和教师验收合格为止。

知识链接

1. IF...ELSIF...THEN...END_IF

IF 指令用于条件跳转控制。IF 条件判断表达式必须是 BOOL 类型，即判断结果只能为 TRUE 或 FALSE。

IF 指令示例程序如图 7-3 所示。

```
IF 条件 1 THEN
    语句序列 1
ELSIF 条件 2 THEN
    语句序列 2
ELSIF 条件 3 THEN
    语句序列 3
    …
END_IF
```

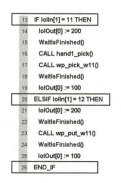

图 7-3　IF 指令示例程序

当"条件 1"判断结果为 TRUE 时，则执行"语句序列 1"，"语句序列 1"执行完成后继续向下扫描判断"条件 2"是否为 TRUE。

当"条件 1"判断结果为 FALSE 时，则向下扫描判断"条件 2"是否为 TRUE，如果条件 2 为 TRUE，则执行语句序列 2；如果条件 2 为 FALSE，则继续向下扫描，以此类推。

每个 IF 指令必须以关键字 END_IF 作为条件控制结束标识符。

2. CALL...

CALL 指令为调用指令，能够调用其他程序作为子程序，要求被调用程序与调用程序属同一项目。调用程序创建方法如下：

1）在程序编辑界面中单击"新建"按钮，在弹出的"新建"页面中选择"系统"选项，在右侧的"宏"列表中选择"CALL..."选项，如图 7-4 所示。

图 7-4　CALL 指令创建

2）在弹出的对话框中选择要调用的程序，单击"√"按钮确认，完成调用，如图 7-5 所示。

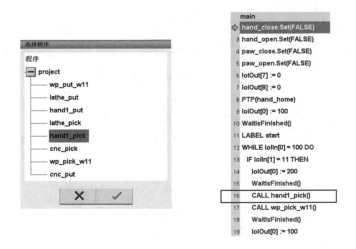

图 7-5　CALL 指令示例程序

3. WAIT...

WAIT 指令为等待指令，当 WAIT 表达式的值为 TRUE 时，执行下一步指令；否则，程序等待，直到表达式为 TRUE 为止。WAIT 指令的格式为

WAIT 条件

条件判断结果为 BOOL 类型，即判断结果只能为 TRUE 或 FALSE。

当条件判断结果为 TRUE 时，执行 WAIT 后续程序；

当条件判断结果为 FALSE 时，程序扫描停止，直到条件判断结果为 TRUE 才继续往后执行。

WAIT 指令的创建方法如下：

1）在程序编辑界面中单击"新建"按钮，在弹出的"新建"页面中选择"系统"选项，在右侧的"宏"列表中选择"WAIT..."选项；

2）在"WAIT"编辑界面中单击"替换"按钮，在弹出的列表中选择"变量"选项，然后选择作为判断条件的变量，创建完成，如图 7-6 所示。

图 7-6 WAIT 指令示例程序

4. LABEL...与 GOTO...

LABEL 指令用于定义 GOTO 的跳转目标。

GOTO 指令用于跳转到程序不同部分，跳转目标必须通过 LABEL 指令定义。不允许从外部跳转进入内部程序块。内部程序块可能是 WHILE 循环程序块。

LABEL...与 GOTO...指令的创建方法如下：

1）先创建 LABEL 标签：在程序编辑界面中单击"新建"按钮，在弹出的"新建"页面中选择"系统"选项，在右侧的"宏"列表中选择"LABEL..."选项，如图 7-7 所示；

图 7-7 LABEL 指令创建

2）在弹出的对话框中设置 LABEL 标签名称为"start"，单击"√"按钮，确认完成创建；

3）在需跳转位置处创建"GOTO"指令，在程序编辑界面中单击"新建"按钮，在弹出的"新建"页面中选择"系统"选项，在右侧的"宏"列表中选择"GOTO..."选项；

4）在弹出的对话框中选中上述创建的"start"标签，单击"√"按钮确认创建完成，如图 7-8 所示。

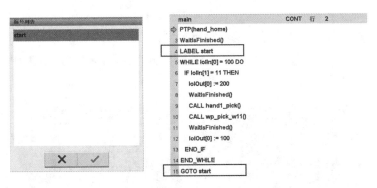

图 7-8　LABEL 与 GOTO 指令示例程序

5. WHILE...DO...END_WHILE

WHILE 指令在满足条件的时候循环执行子语句，条件判断表达式必须是 BOOL 类型，即判断结果只能为 TRUE 或 FALSE。

WHILE 指令示例程序如图 7-9 所示。

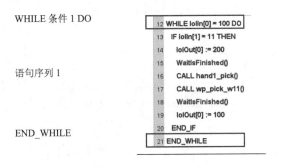

图 7-9　WHILE 指令示例程序

当"条件 1"判断结果为 TRUE 时，执行"语句序列 1"。"语句序列 1"执行完成后，程序向下扫描，扫描至"END_WHILE"，则 WHILE 指令执行结束。

当"条件 1"判断结果为 FALSE 时，直接跳出 WHILE 循环结束程序。

该指令必须以关键字 END_WHILE 作为循环控制结束标识符。

6. 快捷控制 I/O 信号

在机器编程、示教过程中，对工具手的吸合和分离、手爪的张开与夹紧的控制使用频率很高，但是每次使用程序进行工具手的功能控制过程烦琐，可通过变量监测进行工具手的功能控制，方法如下：

1）单击示教器左上角的菜单按钮 ，在弹出的页面中单击变量按钮 ，如图 7-10（a）所示；

2）单击"变量监测"按钮进入变量编辑页面，如图 7-10（a）所示；

3）单击需要修改的变量地址，再次单击其右侧值进行修改，如图 7-10（b）所示，然后单击"确定"按钮。

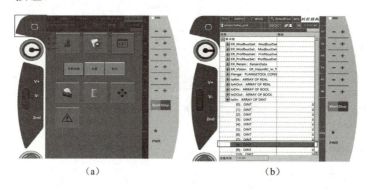

(a)　　　　　　　(b)

图 7-10　快捷控制 I/O 信号

直 击 工 考

一、单选题

1. 正常联动生产时，机器人示教编程器上安全模式不应该打到（　　）位置上。

　　A. 安全模式　　B. 编辑模式　　C. 操作模式　　D. 管理模式

2. MES 是指（　　）。

　　A. 制造管理系统　　　　　　B. 制造执行系统

　　C. 企业制造系统　　　　　　D. 企业管理系统

3. 对机器人进行示教时，将模式旋钮打到示教模式后，在此模式中，外部设备发出的启动信号（　　）。

　　A. 有效　　　　　　　　　　B. 无效

　　C. 延时后有效　　　　　　　D. 视情况而定

4. 机器人的精度主要依存于机械误差、控制算法误差与分辨率系统误差。一般说来，（　　）。

　　A. 绝对定位精度高于重复定位精度

  B．重复定位精度高于绝对定位精度

  C．机械精度高于控制精度

  D．控制精度高于分辨率精度

 5．在机器人动作范围内示教时，需要遵守的事项不正确的是（　　　）。

  A．保持从正面或侧面观看机器人

  B．遵守操作步骤

  C．考虑机器人突然向自己所处方位运行时的应变方案

  D．确保设置躲避场所，以防万一

二、判断题

 1．机器人工具快换装置通过使机器人自动更换不同的末端执行器或外围设备，使机器人的应用更具柔性。　　　　　　　　　　　　　　　　　　　　　　　　　（　　）

 2．原点位置校准是在出厂前进行的，但在改变机器人与控制柜的组合的情况下必须再次进行原点位置校准。　　　　　　　　　　　　　　　　　　　　　　　　（　　）

 3．机器人最大稳定速度高，允许的极限加速度小，则加减速的时间就会长一些。（　　）

 4．进行工作站机器人系统安装施工时，按照设计布局图，先将机器人整机固定于预定位置后，即可通电调试，安全防护措施及其他传输设备的安装可同步进行。　　　（　　）

 5．以多品种、小批量产品柔性生产为特性是均衡化生产最显著的特点。　　（　　）

 6．机器人设置网络连接时，需把示教器网址与软件对应网址设置为相同。　（　　）

PLC 控制技术

本模块需要完成机器人上下料数控机床加工自动化生产线的 PLC 程序设计。该自动化生产线由物料传送带单元、数控车床加工单元、加工中心单元和机器人上下料单元组成。为提高 PLC 程序的组织透明性、可理解性和易维护性，采用模块化编程方法将自动化生产线任务划分为物料传送带控制、数控车床与机器人上下料控制、加工中心与机器人上下料控制、智能制造产线联调等子任务。通过模块间的相互调用组织程序，实现机器人上下料和数控机床加工自动化生产线的功能。本模块采用 NX MCD（mechatronics concept design，机电一体化概念设计）模型模拟智能制造产线中组件的运动行为，PLC 与 MCD 模型的通信连接方法请参考模块 4。

【学习目标】

1. 掌握 TIA Portal（博途）软件的基本操作方法；
2. 掌握 PLC 编程的基本方法；
3. 能够利用 PLC 的基本指令进行程序设计与调试；
4. 能够运用触摸屏设计软件进行控制系统界面的制作与系统的通信。

【素养目标】

1. 树立安全意识、质量意识、工程意识等职业意识；
2. 培养学以致用、独立思考的能力；
3. 培养良好的职业道德、敬业精神和社会责任心；
4. 培养守时诚信、严谨踏实的工作作风和吃苦耐劳的精神。

物料传送带控制

【项目导读】

随着技术的进步,工厂及生产线的自动化、智能化和信息化程度不断提高。传送带作为生产系统中的重要物料输送工具,在现代制造业中发挥着关键作用。本实训项目设计的物料传送带控制系统采用两节传送带控制,以 PLC 为控制核心,电动机、气缸作为执行机构,光电传感器作为检测设备。要求该系统能够按工艺流程实现顺序启动和停止功能,并控制气缸的伸出与缩回动作,从而完成智能制造产线中物料传输控制的子任务。

【学习目标】

1. 掌握基本位逻辑指令的使用方法;
2. 掌握 PLC 编程的基本方法和技巧;
3. 掌握 TIA Portal 软件的基本操作方法;
4. 能运用 PLC 基本指令编写物料传送带的控制程序;
5. 能进行物料传送带控制程序的调试。

8.1 工作任务分析

8.1.1 任务内容

本任务要求设计 PLC 程序实现物料传送带控制子任务。物料传送带的 MCD 模型如图 8-1 所示。它由物料生成传感器、传送带、托盘、托盘拦停阻挡机构、托盘侧边导向、传送带动力电机、成品到位检测传感器等组成。在托盘侧边导向左侧的是传送带 1,右侧的是传送带 2。物料传送带的一个工作周期的流程如下:物料生成传感器检测到物料时,启动传送带 1 正转,托盘随传送带向前运动。当托盘经过传送带 1 号定位传感器时,传送带 1 挡停气缸伸出。气缸伸出到位后,延时 2s,传送带 1 停止运转。当检测到"机器人传送带 1 放料完成"的信号后,传送带 1 挡停气缸缩回。气缸缩回到位时,启动传送带 1、传送带 2。当传送带 2 号定位传感器检测到托盘时,传送带 2 挡停气缸伸出。气缸伸出到位后延时 2s,传送带 2、传送带 1 停止运转。检测到"机器人传送带 2 放料完成"的信号后,传送带 2 挡停气缸缩回。气缸缩回到位,传送带 2 启动。成品到位检测传感器检测到成品后,传送带 2 停止。

1—物料生成传感器；2—传送带；3—数控车床机器人上下料托盘位置；4、7—托盘拦停阻挡机构；
5—托盘侧边导向；6—加工中心机器人上下料托盘位置；8—传送带动力电机；9—成品到位检测传感器。

图 8-1　物料传送带的 MCD 模型

本任务将提供物料传送带的 MCD 模型,请参照模块 4 中 PLC 与 MCD 通信的内容建立通信。物料传送带控制程序的 PLC 变量表如表 8-1 所示。

表 8-1　物料传送带控制程序的 PLC 变量表

名称	数据类型	地址	注释
Conveyor1_Z	Bool	%Q10.0	传送带 1 正转
ConResAir1	Bool	%Q10.1	传送带 1 挡停气缸
Conveyor2_Z	Bool	%Q10.6	传送带 2 正转
ConResAir2	Bool	%Q10.7	传送带 2 挡停气缸
MatCreate	Bool	%I10.0	物料生成
ConMatArrive1	Bool	%I10.1	传送带 1 托盘到位
AirCyl1_Out	Bool	%I10.2	传送带 1 挡停气缸伸出到位
AirCyl1_Back	Bool	%I10.3	传送带 1 挡停气缸缩回到位
RobotPlaceOK1	Bool	%I10.6	机器人传送带 1 放料完成
ConMatArrive2	Bool	%I10.7	传送带 2 托盘到位
AirCyl2_Out	Bool	%I11.0	传送带 2 挡停气缸伸出到位
AirCyl2_Back	Bool	%I11.1	传送带 2 挡停气缸缩回到位
RobotPlaceOK2	Bool	%I11.4	机器人传送带 2 放料完成
FiniArrive	Bool	%I11.5	成品到位
EStop_MCD	Bool	%I11.6	紧急停止

8.1.2　任务解析

问题 1　请根据物料传送带的控制要求画出流程图。

问题 2 硬件组态有什么任务？

_____

_____

_____

问题 3 物料生成传感器产生的信号对于 PLC 而言是_____（填"输入"或"输出"）信号。

问题 4 气缸伸出到位后，需要延时 2s 才停止传送的原因是_____。

问题 5 线圈将输入的逻辑运算结果信号状态写入指定的地址，线圈通电时写入_____，断电时写入_____。

8.2 实践操作

8.2.1 实施准备

1. 设备和工具

装有 NX1953 软件、TIA Portal V17 软件的 PC（personal computer，个人计算机）一台，物料传送带 MCD 模型一套。

2. 实施要点

问题 1 组织块（OB）与函数块（FB、FC）有何区别？

_____

_____

_____

　　问题 2　数据类型是指数据的长度（二进制的位数）和属性。本任务中，传感器检测信号的数据类型属于_____型，取值范围为_____。

　　问题 3　常开触点在指定的位为"1"状态（TRUE）时_____，为"0"状态（FALSE）时_____。常闭触点在指定的位为"1"状态（TRUE）时_____，为"0"状态（FALSE）时_____。

　　问题 4　两个触点串联将进行"_____"运算，两个触点并联将进行"_____"运算。

　　问题 5　RLO 是_____的简称。

　　问题 6　接通延时定时器的 IN 输入电路_____时，定时时间大于等于预设时间时，输出 Q 变为_____。当 IN 输入电路断开时，当前时间值 ET_____，输出 Q 变为_____。

　　问题 7　MOVE 指令用于将 IN 输入端的源数据传送给_____的目的地址。

　　问题 8　在下载程序前，需要对程序进行_____，无错误之后才能下载到 PLC 中。

　　问题 9　与 CPU 建立在线连接后，单击工具栏中的_____按钮，启动监视功能。

　　问题 10　调试 PLC 程序时，启动程序状态后，用_____色连续线表示状态满足，用_____色的线表示状态不满足，用_____色连续线表示状态未知或程序没有执行，用_____色表示没有连接。

8.2.2　实施步骤

1. 新建项目并添加设备

在 TIA Portal V17 软件中新建项目，添加 CPU 1214C DC/DC/DC。

序号	操作步骤图示	说明
1		① 创建新项目； ② 输入项目名称； ③ 单击"创建"按钮
2		① 单击"添加新设备"按钮 添加新设备； ② 输入设备名称； ③ 单击"控制器"图标，展开 CPU 项，选择"CPU 1214C DC/DC/DC"选项； ④ 单击"确定"按钮，完成 CPU 的添加

2. 添加 PLC 变量

在 PLC 变量中添加任务用到的全部变量。

序号	操作步骤图示	说明
1	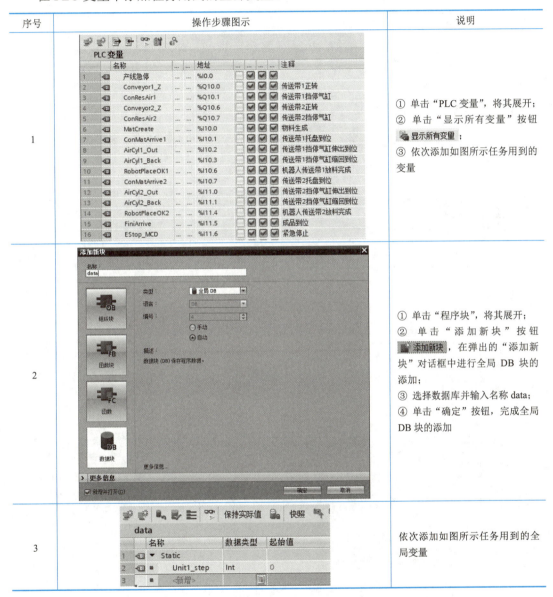	① 单击"PLC 变量",将其展开; ② 单击"显示所有变量"按钮 🖼 显示所有变量; ③ 依次添加如图所示任务用到的变量
2		① 单击"程序块",将其展开; ② 单击"添加新块"按钮 🔲 添加新块,在弹出的"添加新块"对话框中进行全局 DB 块的添加; ③ 选择数据库并输入名称 data; ④ 单击"确定"按钮,完成全局 DB 块的添加
3		依次添加如图所示任务用到的全局变量

3. 编写任务流程子程序

根据任务流程编写 Unit1 控制子程序。

序号	操作步骤图示	说明
1	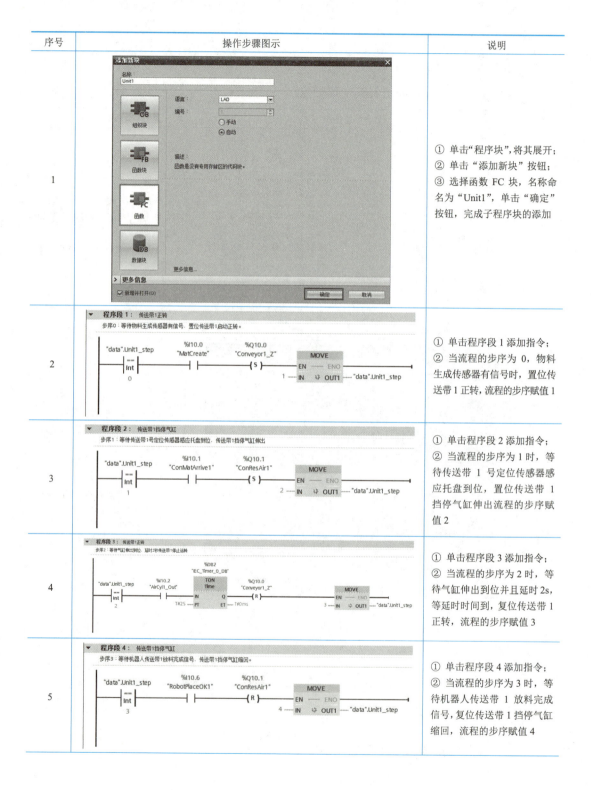	① 单击"程序块",将其展开; ② 单击"添加新块"按钮; ③ 选择函数 FC 块,名称命名为"Unit1",单击"确定"按钮,完成子程序块的添加
2	程序段 1: 传送带1正转 步序0:等待物料生成传感器有信号。置位传送带1启动正转。	① 单击程序段 1 添加指令; ② 当流程的步序为 0,物料生成传感器有信号时,置位传送带 1 正转,流程的步序赋值 1
3	程序段 2: 传送带1挡停气缸 步序1:等待传送带1号定位传感器感应托盘到位。传送带1挡停气缸伸出	① 单击程序段 2 添加指令; ② 当流程的步序为 1 时,等待传送带 1 号定位传感器感应托盘到位,置位传送带 1 挡停气缸伸出流程的步序赋值 2
4	程序段 3: 传送带1正转 步序2:等待气缸伸出到位。延时2秒传送带1停止运转	① 单击程序段 3 添加指令; ② 当流程的步序为 2 时,等待气缸伸出到位并且延时 2s,等延时时间到,复位传送带 1 正转,流程的步序赋值 3
5	程序段 4: 传送带1挡停气缸 步序3:等待机器人传送带1放料完成信号。传送带1挡停气缸缩回。	① 单击程序段 4 添加指令; ② 当流程的步序为 3 时,等待机器人传送带 1 放料完成信号,复位传送带 1 挡停气缸缩回,流程的步序赋值 4

续表

序号	操作步骤图示	说明
6	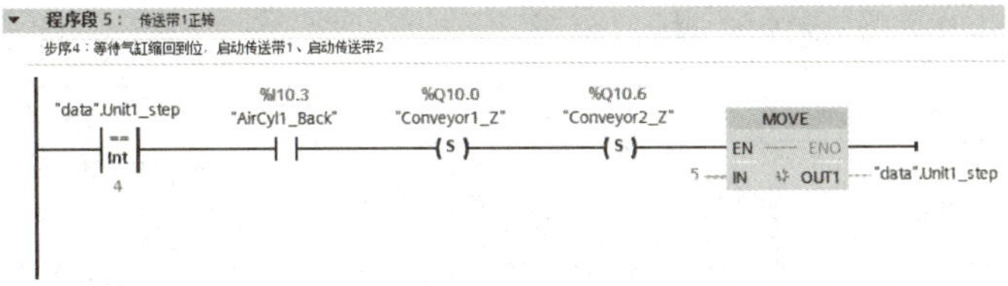 **程序段 5：传送带 1 正转** 步序 4：等待气缸缩回到位，启动传送带 1，启动传送带 2 "data".Unit1_step ==Int 4　%I10.3 "AirCyl1_Back"　%Q10.0 "Conveyor1_Z" (S)　%Q10.6 "Conveyor2_Z" (S)　MOVE EN — ENO　5 — IN ⚡ OUT1 — "data".Unit1_step	① 单击程序段 5 添加指令； ② 当流程的步序为 4 时，等待气缸缩回到位，置位传送带 1 正转、传送带 2 正转，流程的步序赋值 5
7	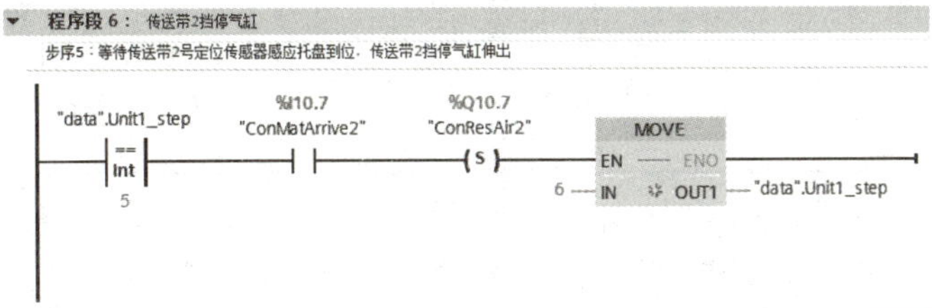 **程序段 6：传送带 2 挡停气缸** 步序 5：等待传送带 2 号定位传感器感应托盘到位，传送带 2 挡停气缸伸出 "data".Unit1_step ==Int 5　%I10.7 "ConMatArrive2"　%Q10.7 "ConResAir2" (S)　MOVE EN — ENO　6 — IN ⚡ OUT1 — "data".Unit1_step	① 单击程序段 6 添加指令； ② 当流程的步序为 5 时，等待传送带 2 定位传感器感应托盘到位，置位传送带 2 挡停气缸伸出，流程的步序赋值 6
8	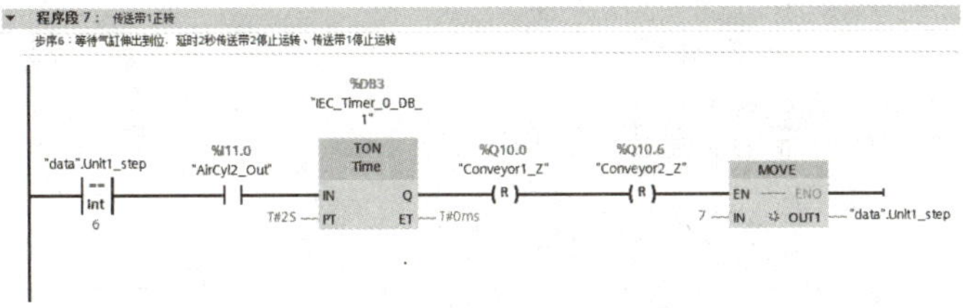 **程序段 7：传送带 1 正转** 步序 6：等待气缸伸出到位，延时 2 秒传送带 2 停止运转，传送带 1 停止反转 %DB3 "IEC_Timer_0_DB_1" "data".Unit1_step ==Int 6　%I11.0 "AirCyl2_Out"　TON Time IN Q — T#2S — PT ET — T#0ms　%Q10.0 "Conveyor1_Z" (R)　%Q10.6 "Conveyor2_Z" (R)　MOVE EN — ENO　7 — IN ⚡ OUT1 — "data".Unit1_step	① 单击程序段 7 添加指令； ② 当流程的步序为 6 时，等待气缸伸出到位并且延时 2s，等延时时间到，复位传送带 1 正转、复位传送带 2 正转，流程的步序赋值 7
9	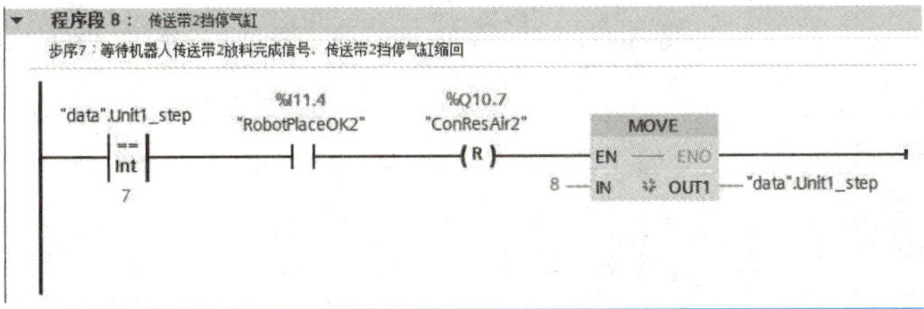 **程序段 8：传送带 2 挡停气缸** 步序 7：等待机器人传送带 2 放料完成信号，传送带 2 挡停气缸缩回 "data".Unit1_step ==Int 7　%I11.4 "RobotPlaceOK2"　%Q10.7 "ConResAir2" (R)　MOVE EN — ENO　8 — IN ⚡ OUT1 — "data".Unit1_step	① 单击程序段 8 添加指令； ② 当流程的步序为 7 时，等待机器人 2 放料完成，复位传送带挡停气缸，流程的步序赋值 8
10	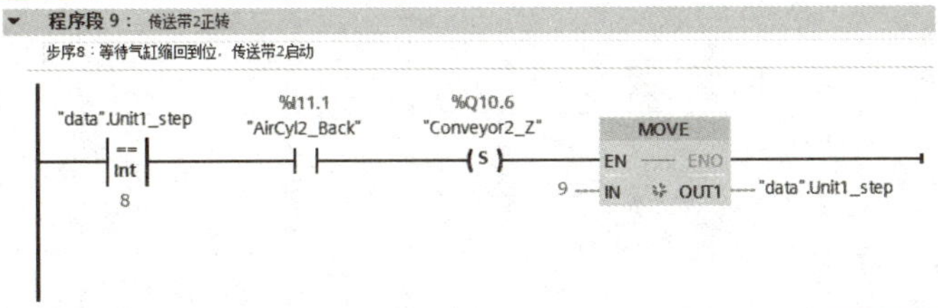 **程序段 9：传送带 2 正转** 步序 8：等待气缸缩回到位，传送带 2 启动 "data".Unit1_step ==Int 8　%I11.1 "AirCyl2_Back"　%Q10.6 "Conveyor2_Z" (S)　MOVE EN — ENO　9 — IN ⚡ OUT1 — "data".Unit1_step	① 单击程序段 9 添加指令； ② 当流程的步序为 8 时，等待气缸缩回到位，置位传送带 2 正转，流程的步序赋值 9
11	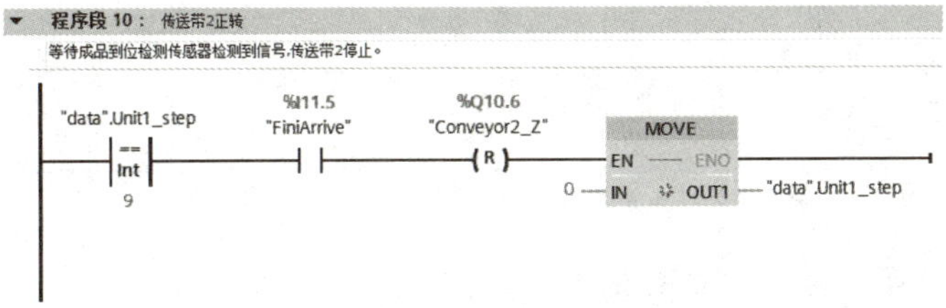 **程序段 10：传送带 2 正转** 等待成品到位检测传感器检测到信号，传送带 2 停止。 "data".Unit1_step ==Int 9　%I11.5 "FiniArrive"　%Q10.6 "Conveyor2_Z" (R)　MOVE EN — ENO　0 — IN ⚡ OUT1 — "data".Unit1_step	① 单击程序段 10 添加指令； ② 当流程的步序为 9 时，等待成品到位检测传感器检测到信号，复位传送带 2 正转，流程的步序赋值 0，流程循环

4. 调用子程序

在主程序 Main[OB1]中进行子程序的调用。

操作步骤图示	说明
 程序段 11： 注释 %FC1 "Unit1" EN　ENO	① 单击程序段 11 添加子程序调用； ② 单击"程序块"，将其展开； ③ 选择 Unit1 子程序，按住鼠标左键不放，拖动到程序段 11 内松开，即可完成对子程序 Unit1 的调用

8.3　评价反馈

学生互评表如表 8-2 所示。可在对应表栏内打"√"。

表 8-2　学生互评表

序号	评价项目	优秀 （90%～100%）	良好 （80%～90%）	合格 （60%～70%）	未完成 （<60%）
1	准备充分				
2	按计划时间完成任务				
3	引导问题填写完成量				
4	操作技能熟练程度				
5	最终完成作品质量				
6	团队合作与沟通				
7	6S 管理				

存在的问题：

说明：此表作为教师综合评价参考；表中的百分数表示任务完成率。

教师综合评价表如表 8-3 所示。可在对应表栏内打"√"。

表 8-3　教师综合评价表

序号	评价项目	优秀 （90%～100%）	良好 （80%～90%）	合格 （60%～80%）	未完成 （<60%）
1	准备充分				
2	按计划时间完成任务				
3	引导问题填写完成量				
4	操作技能熟练程度				
5	最终完成作品质量				
6	操作规范				
7	安全操作				
8	6S 管理				
9	创新点				
10	团队合作与沟通				
11	参与讨论主动性				
12	主动性				
13	展示汇报				

综合评价：

说明：共 13 个考核点，完成其中的 60%（即 8 个）及以上（即获得"合格"及以上）方为完成任务；如未完成任务，则须再次重新开始任务，直至同组同学和教师验收合格为止。

知识链接

1. 用户程序结构

模块化编程将复杂的程序分离成独立的程序，独立的程序被称为"块"，每个块能实现特殊的功能。通过块与块之间的相互调用来组织程序。这使得程序具有更高的复用性和可维护性。模块化编程使得编程的效率更高。

（1）组织块

组织块（organization block，OB）是操作系统和用户程序之间的接口。OB 用于执行具体的程序：

1）在 CPU 启动时；

2）循环程序处理；

3）在循环或延时时间到达时；

4）当发生外部条件触发时；

5）当发生故障、错误时。

每个组织块都有各自的优先级，在低优先级 OB 运行过程中，高优先级 OB 的到来会

打断低优先级 OB 的执行。OB 内部调用 FB、FC，并且这些 FB、FC 还可以继续向下嵌套调用 FB、FC。除主程序和启动 OB 外，其他 OB 的执行是根据各种中断条件（错误、时间、硬件等）来触发的，OB 无法被 FB、FC 调用。

（2）FC 数据块

FC 是不含存储区的代码块，常用于对一组输入值执行特定运算。FC 也可以在程序中的不同位置多次调用，简化了对经常重复发生的任务的编程。FC 没有相关的背景数据块（data block，DB），没有可以存储块参数值的数据存储器，因此，调用函数时，必须给所有形参分配实参。对于用于 FC 的临时数据，FC 采用了局部数据堆栈，不保存临时数据，要永久性存储数据，可将输出值赋给全局存储器位置，如 M 存储器或全局 DB。

（3）FB 数据块

FB 是从另一个代码块（OB、FB 或 FC）进行调用时执行的子例程。在调用 FB 时会生成与之相匹配的背景数据块，在背景数据块中可以存储定义的接口参数及静态变量。编写好 FB 程序后，需要进行调用才可以执行 FB 中的程序。FB 可以由 OB、FC 或其他 FB 调用。

（4）数据块

DB 的作用是存放执行代码块的程序数据。与代码块不同，数据块没有指令，数据块中的变量地址是由 STEP-7 按变量生成的顺序分配的。数据块分为全局数据块和背景数据块。

2．数据类型

基本数据类型包括位、字节、字、双字、整数、浮点数、日期时间等。此外，字符也属于基本数据类型。表 8-4 列举了部分常用的基本数据类型。

表 8-4　部分常用的基本数据类型

数据类型	位大小	数值范围	示例
BOOL	1	TRUE 或 FALSE	TRUE
Byte	8	16#00～16#FF	16#15，B#16#AC
Word	16	16#0000～16#FFFF	16#ABCD，W#16#D001
DWord	32	16#00000000～16#FFFF_FFFF	DW#ACDF_2456
LDWord	64	16#0～16#FFFF_FFFF_FFFF_FFFF	DW#ACDF_2456
SInt	8	−128～127	123，−123
Int	16	−32768～32767	13579，−13579
DInt	32	−2147483648～2147483648	135792468，−135792468
USInt	8	0～255	123
UInt	16	0～65536	12313
Real	32	$\pm1.175495\times10^{-38}\sim\pm3.402823\times10^{38}$	13.45，−5.6，1.4E+12
Char	8	16#00～16#FF	'A"t'
WChar	16	16#0000～16#FFFF	WCHAR#'c'

3. 位逻辑指令

常用位逻辑运算指令如表 8-5 所示。

表 8-5　常用位逻辑运算指令

指令	描述	指令	描述
─┤├─	常开触点	─(R)─	复位输出
─┤/├─	常闭触点	─(SET_BF)─	置位位域
─┤NOT├─	取反 RLO	─(RESET_BF)─	复位位域
─( )─	线圈	SR	置位 / 置位位触发器
─(/)─	线圈取反	RS	复位 / 复位位触发器
─(S)─	置位输出		

（1）常开触点与常闭触点

常开触点对应的位为"1"状态（TRUE）时闭合，为"0"状态（FALSE）时断开。常闭触点对应的位为"1"状态时断开，为"0"状态时闭合。两个触点串联表示"与"运算，两个触点并联表示"或"运算。

（2）取反 RLO 触点

RLO 是逻辑运算结果的简称，─┤NOT├─符号表示取反 RLO 触点，它用来转换能流输入的逻辑状态。如果有能流流入取反 RLO 触点，则该逻辑运算结果为"1"状态，反之则为"0"状态。

（3）线圈

执行线圈指令时，CPU 根据能流流入线圈的情况向指定的存储器位写入新值。如果有能流流入，则将输出线圈"bit"位置 1，取反输出线圈"bit"位置 0；如果无能流流入，则将输出线圈"bit"位置 0，取反输出线圈"bit"位置 1。如果 bit 为 Q 区的变量，通过在其后加":P"，可以指定立即写入物理输出。对于立即写入，将位数据值直接写入物理输出，并写入过程映像 Q 区。

（4）置位、复位输出指令

S（Set，置位输出）指令将指定的位操作数置位（变为"1"状态并保持）。

R（Reset，复位输出）指令将指定的位操作数复位（变为"0"状态并保持）。

如果同一操作数的 S 线圈和 R 线圈同时断电（线圈输入端的 RLO 为"0"），则指定操作数的信号状态保持不变。置位输出指令与复位输出指令最主要的特点是有记忆和保持功能。

4. 定时器

S7-1200 包含 4 种定时器：生成脉冲定时器（TP）、接通延时定时器（TON）、关断延时定时器（TOF）、时间累加器（TONR）。此外还包含复位定时器（RT）和加载持续时间（PT）这两个指令。

定时器引脚汇总如表 8-6 所示。

表 8-6　定时器引脚汇总

	名称	说明	数据类型	备注
输入变量	IN	输入位	BOOL	TP、TON、TONR：0=禁用定时器，1=启用定时器 TOF：0=启用定时器，1=禁用定时器
	PT	设定的时间输入	TIME	
	R	复位	BOOL	仅出现在 TONR 指令
输出变量	Q	输出位	BOOL	
	ET	已计时的时间	TIME	

定时器使用及时序图如表 8-7 所示。

表 8-7　定时器使用及时序图

指令	说明	时序
生成脉冲 LAD： "TP_DB" TP TIME IN　　　　Q PT　　　　ET	① IN 从 "0" 变为 "1"，定时器启动，Q 立即输出 "1"。 ② 当 ET<PT 时，IN 的改变不影响 Q 的输出和 ET 的计时。 ③ 当 ET=PT 时，ET 立即停止计时，Q 立即输出 "0"，此时如果 IN 为 "0"，则 ET 回到 0；如果 IN 为 "1"，则 ET 保持	 IN ET PT Q PT　　PT　　PT
接通延时 LAD： "TON_DB" TON TIME IN　　　　Q PT　　　　ET	① IN 从 "0" 变为 "1"，定时器启动； ② 当 ET=PT 时，Q 立即输出 "1"，ET 立即停止计时并保持； ③ 在任意时刻，只要 IN 变为 "0"，ET 立即停止计时并回到 0，Q 输出 "0"	 IN ET PT Q PT　　　　PT

续表

指令	说明	时序
关断延时 LAD： "TOF_DB" TOF TIME IN　　Q PT　　ET	① 只要 IN 为"1"，Q 即输出为"1"； ② IN 从"1"变为"0"，定时器启动； ③ 当 ET=PT 时，Q 立即输出"0"，ET 立即停止计时并保持； ④ 在任意时刻，只要 IN 变为"1"，ET 立即停止计时并回到 0	
时间累加器 LAD： "TONR_DB" TONR TIME IN　　Q R　　ET PT	① 只要 IN 为"0"，Q 即输出为"0"。 ② IN 从"0"变为"1"，定时器启动。 ③ 当 ET<PT，IN 为"1"时，ET 保持计时；IN 为"0"时，ET 立即停止计时并保持。 ④ 当 ET=PT 时，Q 立即输出"1"，ET 立即停止计时并保持，直到 IN 变为"0"，ET 回到 0。 ⑤ 在任意时刻，只要 R 为"1"，Q 输出"0"，ET 就立即停止计时并回到 0。 ⑥ R 从"1"变为"0"时，如果此时 IN 为"1"，则定时器启动	
复位定时器 LAD： -(RT)-	当指令前的运算结果为"1"时，指定定时器的 ET 立即停止计时并回到 0。 TP 指令：在激活 RT 至取消激活 RT 的过程中，Q 和 IN 保持一致。取消激活 RT 时，如果 IN 为"1"，ET 则立即开始计时。 TON 指令：当 ET=PT 时激活 RT，Q 立即输出"0"。取消激活 RT 时，如果 IN 为"1"，ET 则立即开始计时。 TOF 指令：在激活 RT 至取消激活 RT 的过程中，Q 和 IN 保持一致。 TONR 指令：R 与 RT"或"的结果取代之前的 R	
加载持续时间 LAD： -(PT)-	指令前的运算结果为"1"时，指定定时器的新设定值立即生效（在定时器计时过程中，实时修改方框定时器的 PT 引脚的值在此次计时中不能生效）	

5. 比较指令

比较指令用来比较数据类型相同的两个操作数 IN1 与 IN2 的大小，INI 和 IN2 分别在触点的上面和下面。操作数可以是 I、Q、M、L、D 存储区中的变量或常数。比较两个字符串是否相等时，实际上比较的是它们各对应字符的 ASCII 值的大小，第一个不相同的字符决定了比较的结果。可以将比较指令视为一个等效的触点，比较指令按照比较的符号可以分为==、<>、>、<、>=、<=等 6 种。满足比较关系式给出的条件时，等效触点接通。

6. 移动值指令 MOVE

MOVE 指令是当 EN 条件满足时，实现相同数据类型（不包括位、字符串、Variant 类

型）的变量间的传送。MOVE 指令用于将 IN 输入端的源数据传送给 OUT1 输出的目的地址，并且转换为 OUT1 允许的数据类型（与是否进行 IEC 检查有关），源数据保持不变。IN 和 OUT1 的数据类型可以是位字符串、整数、浮点数、定时器、日期时间、CHAR、WCHAR、STRUCT、ARRAY、IEC 定时器/计数器数据类型、PLC 数据类型，IN 还可以是常数。

直 击 工 考

一、单选题

1. PLC 的工作方式是（　　）。

    A．等待工作方式   B．中断工作方式

    C．扫描工作方式   D．循环扫描工作方式

2. 下列关于梯形图的叙述错误的是（　　）。

    A．按自上而下、从左到右的顺序排列

    B．所有继电器既有线圈，又有触点

    C．一般情况下，某个编号继电器线圈只能出现一次，而继电器触点可出现无数次

    D．梯形图中的继电器不是物理继电器，而是软继电器

3. S7-1200 系统不能接入（　　）。

    A．MPI   B．PROFINET   C．PROFIBUS   D．MODBUS

4. 下列指令中，当前值既可以增加又可以减少的是（　　）。

    A．TON   B．TONR   C．CTUD   D．CTU

5. 不能以位为单位存取的存储区是（　　）。

    A．输入映像   B．输出映像   C．内部存储器   D．外设 I/O 区

6. S7-1200 CPU 的系统存储位中不包括（　　）。

    A．首循环标志位   B．常 1 信号位

    C．常 0 信号位   D．2Hz 频率位

7. 在 S7-1200 PLC 运行中，常作为初始化脉冲的系统存储位的是（　　）。

    A．M1.0   B．M0.1   C．M1.2   D．M1.1

8. PLC 编程软件不具备的功能是（　　）。

    A．将程序下载到 PLC

    B．程序的在线调试

    C．监视运行过程中各个变量和继电器的状态

    D．实现不同厂家 PLC 的编程语法转换

9. 根据下面的时序图，判断指令为（　　）。

    A．时间累加器   B．加计数器   C．关断延时定时器   D．比较值

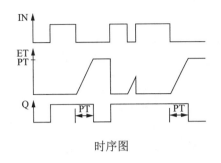

时序图

10. 定时器预设值 PT 采用的寻址方式为（　　）。

　　A. 位寻址　　　　B. 字寻址　　　　C. 字节寻址　　　　D. 双字寻址

二、判断题

1. 梯形图程序由指令助记符和操作数组成。　　　　　　　　　　　　　　（　　）

2. String 数据类型可存储一串单字节字符，String 类型提供 128 字节。　（　　）

3. 工作存储器是一个不易失性存储器，用于存储与运行相关的用户程序代码和数据。
　　　　　　　　　　　　　　　　　　　　　　　　　　　　　　　　（　　）

4. TON 的启动输入端 IN 由"1"变"0"时，定时器复位。　　　　　　　（　　）

5. 当前值大于等于预设值 PT 时，定时器 TONR 被置位并停止计时。　　（　　）

6. S7-1200 CPU 分为以下几种数据类型：基本数据类型、复杂数据类型、用户自定义
数据类型、指针数据类型、系统数据类型、硬件数据类型。　　　　　　（　　）

7. 博途软件是业内首个采用集工程组态、软件编程和项目环境配置为一体的自动化软
件，几乎涵盖所有自动化控制编程任务。　　　　　　　　　　　　　　（　　）

8. 数组类型是由数目固定且数据类型相同的元素组成的数据结构。　　　（　　）

9. PLC 一般可以向信号模块及传感器提供 24V 直流电源。　　　　　　　（　　）

10. PLC 处于 STOP 工作模式时，PLC 不执行程序，可以下载程序。　　（　　）

三、设计题

设计一个闪烁指示灯，要求 Q0.0 为 ON 的时间为 5s，Q0.0 为 OFF 的时间为 2s。

数控车床与机器人上下料控制

【项目导读】

　　机器人上下料系统，主要用于加工单元和自动生产线待加工毛坯件的上料、已加工工件的下料、机床间工序转换的工件搬运及工件翻转等作业。该系统能够有效支持车削、铣削、磨削、钻削等金属切削机床的自动化加工。该系统以 PLC 为控制核心，按照数控车床与机器人上下料的控制要求进行程序设计，从而实现生产过程的自动化。

【学习目标】

　　1. 掌握 PLC 基本指令的使用方法；

　　2. 掌握 PLC 编程的基本方法和技巧；

　　3. 能按控制要求设计数控车床与机器人上下料控制程序；

　　4. 能对数控车床与机器人上下料控制程序进行调试。

9.1　工作任务分析

9.1.1　任务内容

　　本任务要求用 PLC 实现数控车床与机器人上下料控制的子任务。机器人上下料控制系统由 6 轴工业机器人、数控车床、1 节传送带、物料托盘和若干零件组成。NX MCD 提供本任务的 MCD 模型如图 9-1 所示，请参照模块 4 中 PLC 与 MCD 通信的内容建立通信。该系统一个工作周期的流程如下：PLC 发送机器人传送带 1 取料信号，机器人运行至托盘位置取料并运行至 1 号位上方。当 PLC 接收到机器人到达 1 号位上方的信号后，PCL 控

制数控车床门打开，机器人执行放料动作并退至数控车床门外。当机器人数控车床放料完成信号发出后，数控车床门关闭，并启动数控车床进行加工。延时 3s 后数控车床加工完成，PLC 开启数控车床门，机器人到数控车床中取料，将其放置于托盘中并运行至 1 号位上方。当机器人到达 1 号位后，关闭数控车床门，机器人执行回原位动作。

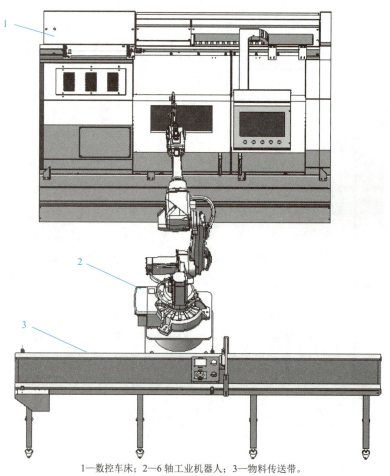

1—数控车床；2—6 轴工业机器人；3—物料传送带。

图 9-1　数控车床与机器人上下料系统 MCD 模型

在实际系统中，机器人与 PLC、数控车床与 PLC 之间的通信可以采用 I/O 通信和通信线连接两种方式通信。数控车床与机器人上下料控制 PLC 变量表如表 9-1 所示。

表 9-1　数控车床与机器人上下料控制 PLC 变量表

名称	数据类型	地址	注释
产线急停	Bool	%I0.0	
RobPick1	Bool	%Q11.4	机器人 1 传送带取料
LatheDoor_O	Bool	%Q10.2	数控车床门打开
LatheDoor_C	Bool	%Q10.3	数控车床门关闭

名称	数据类型	地址	注释
LatheStart	Bool	%Q10.4	数控车床启动
LatheWorkOk	Bool	%Q10.5	数控车床加工完成
RobArriveUp1	Bool	%I10.4	机器人到达 1 号位上方
RobPlaceOk_Lathe	Bool	%I10.5	机器人数控车床放料完成

9.1.2　任务解析

问题 1　请根据数控车床与机器人上下料控制要求画出流程图。

问题 2　以机器人的动作为主线,将数控车床与机器人上下料的控制周期划分为

＿＿＿＿＿＿＿＿＿＿＿、＿＿＿＿＿＿＿＿＿＿＿＿＿＿、＿＿＿＿＿＿＿＿＿＿＿＿＿＿＿＿、

＿＿＿＿＿＿＿＿＿＿＿＿＿、＿＿＿＿＿＿＿＿＿＿＿＿＿＿等 5 个顺序相连的阶段。

问题 3　当检测到托盘到位、气缸伸出到位后,PLC 向机器人发出取料信号,请根据 PLC 变量表编写该程序段。

问题 4　在程序设计时,当机器人完成一个阶段的动作后,需要用＿＿＿＿＿＿＿＿指令将下一阶段动作的序号赋值给流程的步序存储器。

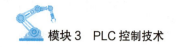

9.2　实践操作

9.2.1　实施准备

1. 设备和工具

装有 NX1953 软件、TIA Portal V17 软件的 PC 一台，数控车床与机器人上下料 MCD 模型一套。

2. 实施要点

问题 1　函数（FC）是用户编写的_____。函数没有固定的存储区，函数执行结束后，其临时变量中的数据可能被别的临时变量覆盖。

问题 2　置位输出指令与复位输出指令最主要的特点是具有_____和_____功能。

问题 3　机器人取料和放料的动作由_____完成，而不是由 PLC 直接控制手爪完成。

问题 4　机器人放好物料并到达 1 号位后，需要复位数控车床加工信号、数控车床开门信号，置位数控车床关门信号，还需要赋值流程的步序存储器为_____，使得程序循环。

9.2.2　实施步骤

1. 添加 PLC 变量

在实训项目 8 的基础上继续在 PLC 变量表中添加任务用到的全部变量。

序号	操作步骤图示	说明
1	27 RobPick1 ... ... %Q11.4 机器人传送带1取料 28 LatheDoor_O ... ... %Q10.2 数控车床门打开 29 LatheDoor_C ... ... %Q10.3 数控车床门关闭 30 LatheStart ... ... %Q10.4 数控车床启动 31 LatheWorkOk ... ... %Q10.5 数控车床加工完成 32 RobArriveUp1 ... ... %I10.4 机器人到达1号位上方 33 RobPlaceOk_Lathe ... ... %I10.5 机器人数控车床放料完成	① 单击"PLC 变量"，将其展开； ② 单击"显示所有变量"按钮； ③ 依次添加如图所示任务用到的变量
2	保持实际值　快照 data 名称　　数据...　起始值 1　▼ Static 2　Unit1_step　Int　0 3　Unit2_step　Int　0	① 单击"程序块"，将其展开； ② 双击 data 全局数据块 data [DB1]； ③ 依次添加如图所示任务用到的全局变量

2. 编写任务流程子程序

根据任务流程编写 Unit2 控制子程序。

序号	操作步骤图示	说明
1	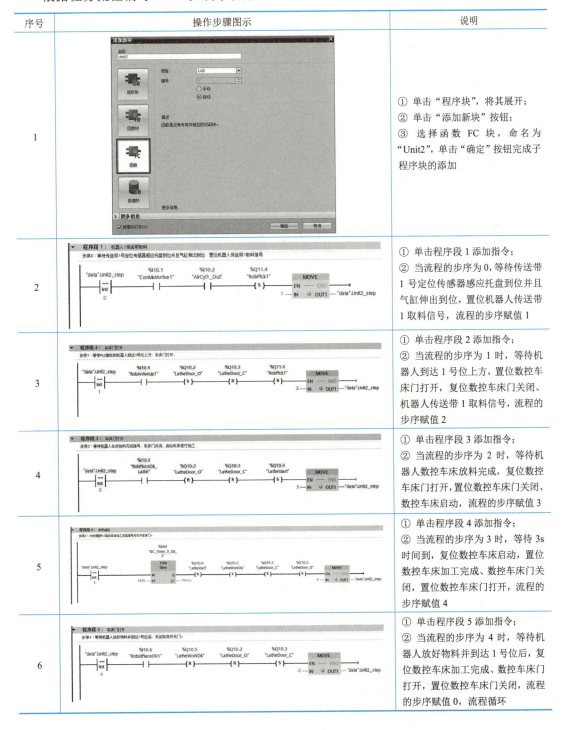	① 单击"程序块",将其展开; ② 单击"添加新块"按钮; ③ 选择函数 FC 块,命名为"Unit2",单击"确定"按钮完成子程序块的添加
2		① 单击程序段 1 添加指令; ② 当流程的步序为 0,等待传送带 1 号定位传感器感应托盘到位并且气缸伸出到位,置位机器人传送带 1 取料信号,流程的步序赋值 1
3		① 单击程序段 2 添加指令; ② 当流程的步序为 1 时,等待机器人到达 1 号位上方,置位数控车床门打开,复位数控车床门关闭、机器人传送带 1 取料信号,流程的步序赋值 2
4		① 单击程序段 3 添加指令; ② 当流程的步序为 2 时,等待机器人数控车床放料完成,复位数控车床门打开,置位数控车床门关闭、数控车床启动,流程的步序赋值 3
5		① 单击程序段 4 添加指令; ② 当流程的步序为 3 时,等待 3s 时间到,复位数控车床启动,置位数控车床加工完成、数控车床门关闭,置位数控车床门打开,流程的步序赋值 4
6		① 单击程序段 5 添加指令; ② 当流程的步序为 4 时,等待机器人放好物料并到达 1 号位后,复位数控车床加工完成、数控车床门打开,置位数控车床门关闭,流程的步序赋值 0,流程循环

3. 调用子程序

在实训项目 8 的基础上继续在主程序 Main[OB1]中进行子程序的调用。

操作步骤图示	说明
程序段 15： 注释 %FC2 "Unit2" EN　　ENO	① 单击程序段 15 添加子程序调用； ② 单击"程序块"，将其展开； ③ 选择 Unit2 子程序，按住鼠标左键不放，拖动到程序段 15 内松开，即可完成对子程序 Unit2 的调用

9.3　评价反馈

学生互评表如表 9-2 所示。可在对应表栏内打"√"。

表 9-2　学生互评表

序号	评价项目	优秀 （90%～100%）	良好 （80%～90%）	合格 （60%～80%）	未完成 （<60%）
1	准备充分				
2	按计划时间完成任务				
3	引导问题填写完成量				
4	操作技能熟练程度				
5	最终完成作品质量				
6	团队合作与沟通				
7	6S 管理				

存在的问题：

说明：此表作为教师综合评价参考；表中的百分数表示任务完成率。

教师综合评价表如表 9-3 所示。可在对应表栏内打"√"。

表 9-3　教师综合评价表

序号	评价项目	优秀 （90%～100%）	良好 （80%～90%）	合格 （60%～80%）	未完成 （<60%）
1	准备充分				
2	按计划时间完成任务				
3	引导问题填写完成量				
4	操作技能熟练程度				

续表

序号	评价项目	优秀 （90%～100%）	良好 （80%～90%）	合格 （60%～80%）	未完成 （<60%）
5	最终完成作品质量				
6	操作规范				
7	安全操作				
8	6S 管理				
9	创新点				
10	团队合作与沟通				
11	参与讨论主动性				
12	主动性				
13	展示汇报				

综合评价：

说明：共 13 个考核点，完成其中的 60%（即 8 个）及以上（即获得"合格"及以上）方为完成任务；如未完成任务，则须再次重新开始任务，直至同组同学和教师验收合格为止。

知识链接

1. 位存储器区

位存储器区（M 存储器）用来存储运算的中间操作状态或其他控制信息。可以用位、字节、字或双字读/写位存储器区。

2. 用户数据块

用户数据块用来存储程序数据，包括全局数据块、背景数据块、基于 PLC 数据类型的数据块、数组数据块和系统数据类型的数据块。

全局数据块中的变量需要用户自己定义，基于 PLC 数据类型的数据块中的变量使用事先创建好的 PLC 数据类型模板进行定义，而数组数据块中的变量在创建数组数据块的同时进行定义，这 3 种数据块均可以被所有程序块读写访问。

背景数据块只隶属于某个功能块（FB），创建背景数据块时需要指定 FB，背景数据块内的变量结构与指定 FB 的接口参数和静态变量保持一致，不需要用户另行定义。系统数据类型的数据块专门存储程序中所使用的系统数据类型的数据。

3. 顺序控制设计法与顺序功能图

顺序控制就是按照生产工艺预先规定的顺序，在各个输入信号的作用下，根据内部状

态和时间的顺序，在生产过程中各个执行机构自动有秩序地进行操作。

使用顺序控制设计法时，首先根据系统的工艺过程，画出顺序功能图（sequential function chart，SFC），然后根据顺序功能图画出梯形图。顺序功能图是描述控制系统的控制过程、功能和特性的一种图形，也是设计 PLC 的顺序控制程序的有力工具。顺序功能图并不涉及所描述的控制功能的具体技术，它是一种通用的技术语言，可以供进一步设计和不同专业的人员之间进行技术交流之用。顺序功能图主要由步、有向连线、转换、转换条件和动作（或命令）等要素组成。

4. 步的基本概念

顺序控制设计法最基本的思想是将系统的一个工作周期划分为若干个顺序相连的阶段，这些阶段称为步（step），可以用编程元件（如位存储器 M）来代表各步。步是根据输出量的状态变化来划分的，在任何一步之内，各输出量的"0""1"状态不变，但是相邻两步输出量总的状态是不同的，步的这种划分方法使代表各步的编程元件的状态与各输出量的状态之间有着极为简单的逻辑关系。

顺序控制设计法用转换条件控制代表各步的编程元件，让它们的状态按一定的顺序变化，然后用代表各步的编程元件去控制 PLC 的各输出位。

5. 转换与转换实现的条件

使系统由当前步进入下一步的信号称为转换条件，转换条件可以是外部的输入信号，如按钮、指令开关、限位开关的接通或断开等；也可以是 PLC 内部产生的信号，如定时器、计数器输出位的常开触点的接通等；还可以是若干个信号的与、或、非逻辑组合。

在顺序功能图中，步的活动状态的进展是由转换的实现来完成的。转换实现必须同时满足两个条件：

1）该转换所有的前级步都是活动步；

2）相应的转换条件得到满足。

这两个条件是缺一不可的，如果取消了第一个条件，假设因为误操作按了启动按钮，则在任何情况下都会使以启动按钮作为转换条件的后续步变为活动步，从而造成设备的误动作。

直 击 工 考

一、单选题

1. 下列属于字节寻址的是（　　）。

    A. MB20　　　　B. QW20　　　　C. ID0　　　　D. I0.1

2．线圈驱动指令不能对（　　）进行使用。

  A．M10.1　 B．I0.0　 C．Q0.2　 D．M20.5

3．系统存储位初始化脉冲执行的特点是（　　）。

  A．CPU 从停止变为运行时只执行一次

  B．每周期执行多次

  C．每个扫描周期执行一次

  D．每按一次启动按钮执行一次

4．"–(P)–" 指令的名称是（　　）。

  A．RLO 正跳沿检测　 B．RLO 负跳沿检测

  C．地址下降沿检测　 D．地址上升沿检测

5．若输入信号状态为 "1"，则复位操作数的信号状态为 "0"；若输入信号状态为 "0"，则保持操作数的信号状态不变。这是（　　）指令。

  A．置位　 B．复位　 C．置位位域　 D．复位位域

6．（　　）在 CPU 的操作模式从 STOP 切换到 RUN 时执行一次。

  A．启动 OB　 B．硬件中断 OB

  C．诊断错误 OB　 D．循环中断 OB

7．S7-1200 PLC "系统和时钟存储器" 的作用是（　　）。

  A．可以用来表示系统的某些状态，如首次循环等

  B．可以提供周期性脉冲

  C．可以设定始终为高电平的位信号等

  D．以上描述都正确

8．S7-1200 PLC 系统存储位可产生周期为 1s 的周期性脉冲的是（　　）。

  A．M1.0　 B．M1.2　 C．M0.7　 D．M0.5

9．MW8 存的内容是 5，使用一次 "SHL" 指令移动 1 位后，M8.1 的状态是（　　）。

  A．0　 B．1　 C．5　 D．不确定

10．西门子 S7-1200 PLC 不带有保持功能的通电延时定时器，若设定值为 300s，此时当前计时值为 1000s，若线圈失电，则（　　）。

  A．计时值为 0，常开触点断开

  B．计时值保持不变，常开触点断开

  C．计时值保持不变，常开触点保持闭合

  D．计时值为 0，常开触点保持闭合

二、判断题

1．字节比较指令用于比较两个字节的大小，若比较结果成立，则该触点闭合。（　　）

2．位存储器 M 既可供内部编程使用，又可驱动外部负载。 （　　）

3．S7-1200 PLC 编程应避免双线圈输出，但编译时并不报错。　　　　（　　）

4．PLC 处于 STOP 工作模式时，PLC 不执行程序，可以下载程序。　　（　　）

5．RET 指令用于向主调程序块返回一个整数计算值。　　　　　　　（　　）

6．为防止各种干扰信号和高电压信号进入 PLC 影响其可靠性或造成设备损坏，输入接口电路一般由光电耦合电路进行隔离。　　　　　　　　　　　　（　　）

7．PLC 的输入、输出、辅助继电器、定时器和计数器的触点都是有限的。　（　　）

8．PLC 的输入端可与机械系统上的触点开关、接近开关、传感器等直接连接。（　　）

9．当前值大于等于预设值 PT 时，定时器 TONF 被置位并停止计时。　　（　　）

10．利用 JMP 指令，可以从主程序（OB）跳转到子程序（FC、FB）中。　（　　）

三、简答题

1．画出实训项目 9 的顺序功能图。

2．使用置位/复位指令的顺序控制梯形图设计的方法设计数控车床与机器人上下料控制程序。

实训项目 **10**

加工中心与机器人上下料控制

【项目导读】

复杂的零件往往需要多道加工工序才能达到产品要求。智能制造产线的产品经过数控车床的加工后，还需要在加工中心进一步加工，并采用 6 轴工业机器人进行上下料。通过设计 PLC 程序，实现加工中心与机器人上下料的控制，从而实现生产自动化。

【学习目标】

1. 掌握 PLC 编程的基本方法和技巧；
2. 掌握 TIA Portal 软件的基本操作方法；
3. 能按控制要求设计加工中心与机器人上下料控制程序；
4. 能对加工中心与机器人上下料控制程序进行调试。

10.1 工作任务分析

10.1.1 任务内容

本任务要求用 PLC 实现加工中心与机器人上下料控制子任务。加工中心与机器人上下料控制系统由 6 轴工业机器人、加工中心、1 节传送带、物料托盘和若干零件组成。它的 MCD 模型如图 10-1 所示，PLC 与 MCD 模型信号的建立请参考模块 4 相关内容。该系统一个工作周期的流程如下：PLC 向机器人 2 发送取料信号，机器人运行至托盘位置取料并运行至 2 号位上方。当 PLC 接收到机器人到达 2 号位上方的信号时，启动加工中心开关门。机器人执行放料动作并退至加工中心门外，当机器人加工中心放料完成信号发出后，关闭加工中心开关门，启动加工中心进行加工。延时 3s 后，加工中心加工完成，PLC 发送加工中心加工完成信号并打开加工中心开关门。机器人到加工中心中取料，将其置于托盘中并运行至 2 号位上方。当机器人到达 2 号位后，关闭加工中心开关门，机器人执行回原位动作。

加工中心与机器人上下料控制的 PLC 变量表如表 10-1 所示。

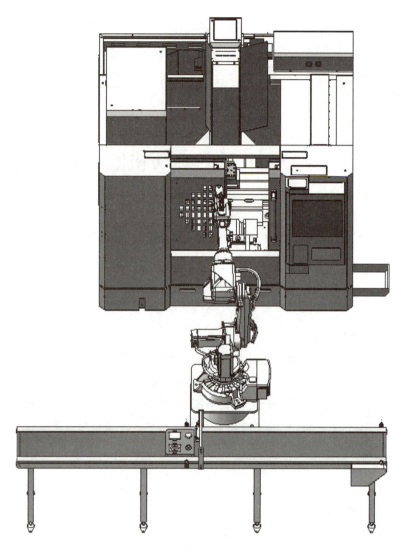

图 10-1　加工中心与机器人上下料控制系统 MCD 模型

表 10-1　加工中心与机器人上下料控制的 PLC 变量表

名称	变量表	数据类型	地址	注释
Conveyor2_Z	默认变量表	Bool	%Q10.6	传送带 2 正转
AirCyl2_Out	默认变量表	Bool	%I11.0	传送带 2 挡停气缸伸出到位
RobPick2	默认变量表	Bool	%Q11.5	机器人传送带 2 取料
CNCDoor_O	默认变量表	Bool	%Q11.0	加工中心门打开
CNCDoor_C	默认变量表	Bool	%Q11.1	加工中心门关闭
CNCStart	默认变量表	Bool	%Q11.2	加工中心启动
CNCWorkOk	默认变量表	Bool	%Q11.3	加工中心加工完成
RobArriveUp2	默认变量表	Bool	%I11.2	机器人到达 2 号位上方
RobPlaceOk_CNC	默认变量表	Bool	%I11.3	机器人加工中心放料完成

10.1.2 任务解析

问题 1 请根据加工中心与机器人上下料控制要求画出流程图。

问题 2 代表程序步的位存储器属于_____变量，"加工中心门打开"信号属于_____信号。

问题 3 当"加工中心启动"信号置"1"后，需要延时 3s，采用的是_____定时器，在实际生产中，由加工中心完成加工后直接给 PLC 发送加工完成信号。

问题 4 在程序调试时可以采用_____对变量进行监视和修改。

10.2 实践操作

10.2.1 实施准备

1. 设备和工具

装有 NX1953 软件、TIA Portal V17 软件的 PC 一台，加工中心与机器人上下料 MCD 模型一套。

2. 实施要点

问题 1 定义 PLC 变量时，将 PLC 发送到 MCD 模型的信号作为 PLC 的_____信号。

问题 2 在实际生产中，PLC 控制_____完成物料的夹取与放开的动作；PLC 控制_____启动开关门和加工信号。

问题 3 当机器人放好物料并到达 2 号位后，复位加工中心加工完成，_____加工中心门打开，_____加工中心门关闭，并且要赋值流程的步序存储位为_____。

问题 4 在_____中调用加工中心与机器人上下料控制函数 FC3，子程序才能运行。

10.2.2 实施步骤

1. 添加 PLC 变量

在实训项目 9 的基础上继续在 PLC 变量表中添加任务用到的全部变量。

序号	操作步骤图示	说明
1	34 RobPick2 ... %Q11.5 机器人传送带2取料 35 CNCDoor_O ... %Q11.0 加工中心门打开 36 CNCDoor_C ... %Q11.1 加工中心门关闭 37 CNCStart ... %Q11.2 加工中心启动 38 CNCWorkOk ... %Q11.3 加工中心加工完成 39 RobArriveUp2 ... %I11.2 机器人到达2号位上方 40 RobPlaceOk_CNC ... %I11.3 机器人加工中心放料完成	① 单击"PLC 变量",将其展开; ② 单击"显示所有变量"按钮; ③ 依次添加任务用到的变量
2	data 　名称　　　数据类型　起始值 1 ▼ Static 2 Unit1_step Int 0 3 Unit2_step Int 0 4 Unit3_step Int 0	① 单击"程序块",将其展开; ② 双击 data 全局数据块 data [DB1]; ③ 依次添加任务用到的全局变量

2. 编写任务流程子程序

根据任务流程编写 Unit3 控制子程序。

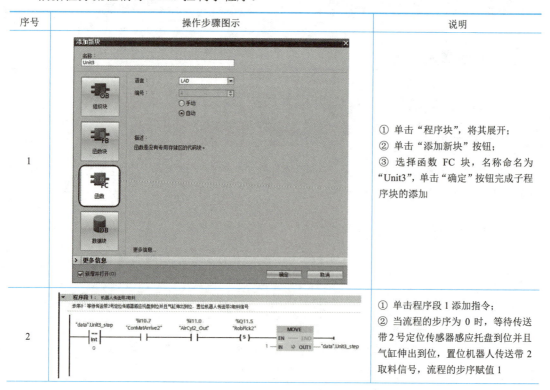

序号	操作步骤图示	说明
1		① 单击"程序块",将其展开; ② 单击"添加新块"按钮; ③ 选择函数 FC 块,名称命名为"Unit3",单击"确定"按钮完成子程序块的添加
2		① 单击程序段 1 添加指令; ② 当流程的步序为 0 时,等待传送带 2 号定位传感器感应托盘到位并且气缸伸出到位,置位机器人传送带 2 取料信号,流程的步序赋值 1

序号	操作步骤图示	说明
3	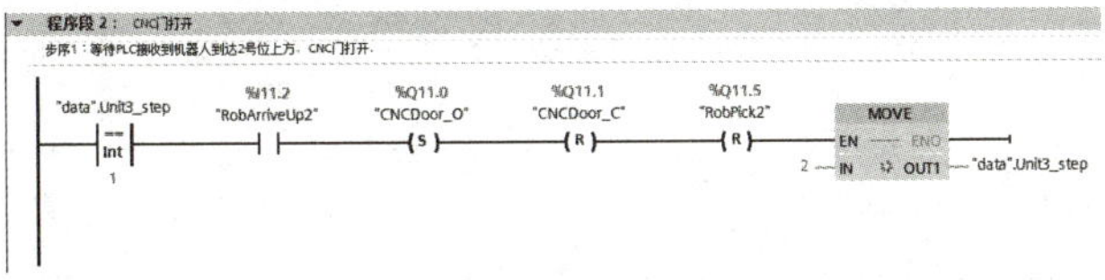	① 单击程序段 2 添加指令; ② 当流程的步序为 1 时,等待 PLC 接收到机器人到达 2 号位上方信号,置位加工中心门打开,复位加工中心门关闭、机器人传送带 2 取料,流程的步序赋值 2
4	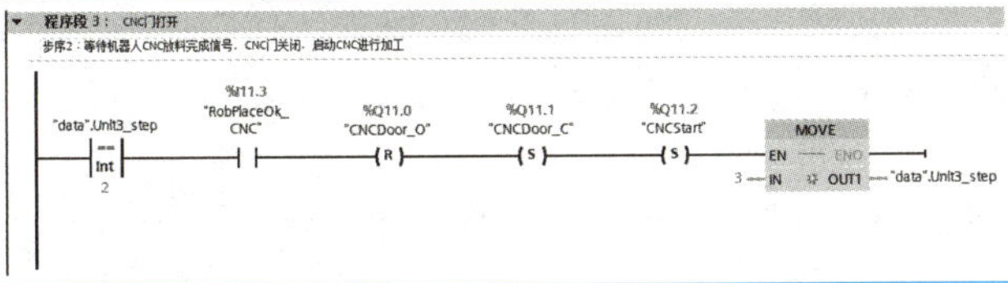	① 单击程序段 3 添加指令; ② 当流程的步序为 2 时,等待机器人加工中心放料完成信号,复位加工中心门打开,置位加工中心门关闭、加工中心启动,流程的步序赋值 3
5	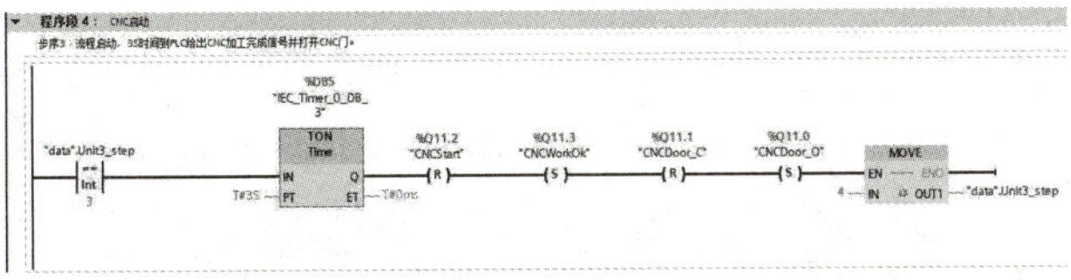	① 单击程序段 4 添加指令; ② 当流程的步序为 3 时,等待 3s 时间到,复位加工中心启动,置位加工中心加工完成,复位加工中心门关闭,置位加工中心门打开,流程的步序赋值 4
6	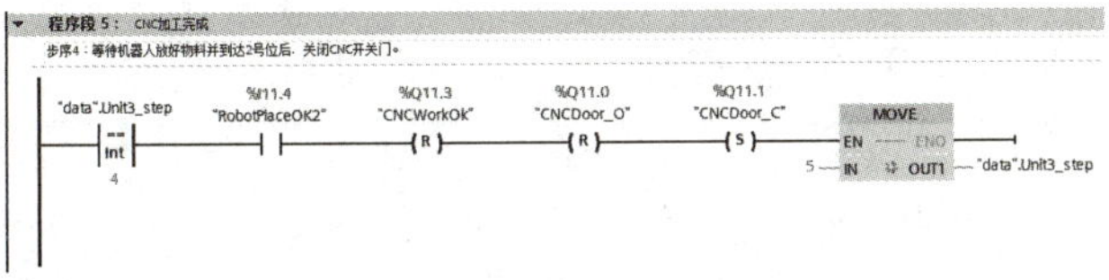	① 单击程序段 5 添加指令; ② 当流程的步序为 4 时,等待机器人放好物料并到达 2 号位后,复位加工中心加工完成,复位加工中心门打开,置位加工中心门关闭,流程的步序赋值 0,流程循环

3. 调用子程序

在实训项目 9 的基础上继续在主程序 Main[OB1]中进行子程序的调用。

操作步骤图示	说明
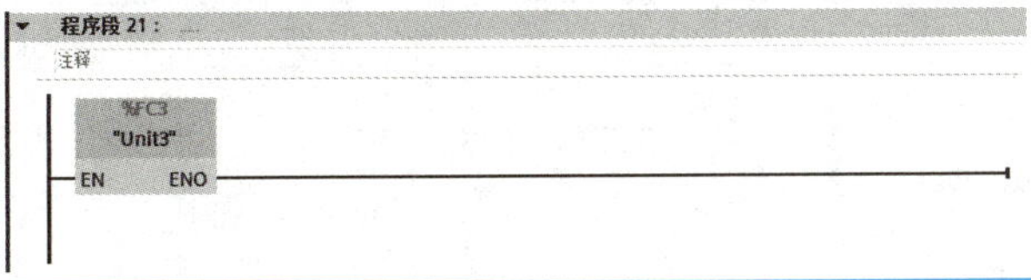	① 单击程序段 21 添加子程序调用; ② 单击"程序块",将其展开; ③ 选择 Unit3 子程序,按住鼠标左键不放,拖动到程序段 21 内松开,即可完成对子程序 Unit3 的调用

10.3　评价反馈

学生互评表如表 10-2 所示。可在对应表栏内打"√"。

表 10-2 学生互评表

序号	评价项目	优秀 （90%～100%）	良好 （80%～90%）	合格 （60%～80%）	未完成 （<60%）
1	准备充分				
2	按计划时间完成任务				
3	引导问题填写完成量				
4	操作技能熟练程度				
5	最终完成作品质量				
6	团队合作与沟通				
7	6S 管理				

存在的问题：

说明：此表作为教师综合评价参考；表中的百分数表示任务完成率。

教师综合评价表如表 10-3 所示。可在对应表栏内打"√"。

表 10-3 教师综合评价表

序号	评价项目	优秀 （90%～100%）	良好 （80%～90%）	合格 （60%～80%）	未完成 （<60%）
1	准备充分				
2	按计划时间完成任务				
3	引导问题填写完成量				
4	操作技能熟练程度				
5	最终完成作品质量				
6	操作规范				
7	安全操作				
8	6S 管理				
9	创新点				
10	团队合作与沟通				
11	参与讨论主动性				
12	主动性				
13	展示汇报				

综合评价：

说明：共 13 个考核点，完成其中的 60%（即 8 个）及以上（即获得"合格"及以上）方为完成任务；如未完成任务，则须再次重新开始任务，直至同组同学和教师验收合格为止。

知识链接

1. 全局变量与局部变量

在 PLC 变量和 DB 中可以定义全局变量。输入 I、输出 Q、变量存储器 V、内部存储器位 M、定时器 T、计数器 C 等属于全局变量。在程序中，全局变量被自动添加双引号，如"点动按钮"。

局部变量只能在它被定义的块中使用，同一个变量的名称可以在不同的块中分别使用一次。可以在块的接口区定义块的输入/输出参数（Input、Output 和 Inout 参数）和临时数据（Temp），以及定义 FB 的静态数据（Static）。在程序中，局部变量被自动添加#号，如"#点动按钮"。

2. 监控表的功能与使用

（1）监控表的功能

监控表主要由名称、地址、显示格式、监视值和修改值这几个部分组成。监控表的功能如下：

1）监视变量：在计算机上显示用户程序或 CPU 中变量的当前值。

2）修改变量：将固定值分配给用户程序或 CPU 中的变量。

3）对外设输出赋值：允许在 STOP 模式下将固定值赋给 CPU 的外设输出点，这一功能可用于硬件调试时检查接线。

（2）监控表的使用

需要对变量进行监控时，就将需要监控的变量添加到监控表中，然后单击"全部监视"按钮就可以对变量的当前值进行监控了。需要对变量的值进行修改时，就在"修改值"这一栏中输入新的数值，然后单击"立即一次性修改所选定值"。复制 PLC 变量表中的变量名称，然后将它粘贴到监控表的"名称"列，可以快速生成监控表。

监控表并不是对所有变量的值都可以进行修改，如数字量、模拟量的输入，这些变量是受外围设备输入信号的影响的，所以不能使用监控表进行监控和修改。这时可以使用强制表对变量进行修改。

直 击 工 考

一、单选题

1. 当 IN1 不等于 IN2 结果为真时，比较关系类型为（　　）。

A. ==　　　　B. <>　　　　C. >=　　　　D. <=

2．数字量输入模块用于采集各种控制信号，如按钮、开关、（　　）、过电流继电器及其他一些传感器等信号。

A．变频器　　　B．电磁阀　　　C．时间继电器　　D．温度调节器

3．调用（　　）时，必须为之分配一个背景数据块，背景数据块不能重复使用，否则会产生数据冲突。

A．数据块　　　B．组织块　　　C．函数　　　　D．函数块

4．（　　）构成了操作系统和用户程序之间的接口。

A．数据块　　　B．组织块　　　C．函数　　　　D．函数块

5．加减计数器指令中输出触点 QD 的操作数类型为（　　）。

A．Bool　　　　B．Real　　　　C．Int　　　　D．DWord

6．下列指令中不是计数器指令的是（　　）。

A．TON　　　　B．CTUD　　　C．CTU　　　　D．CTD

7．（　　）是 PLC 工作过程中的最后一个阶段。

A．输入扫描　　B．执行程序　　C．刷新输出　　D．通信处理

8．以下编程语言中不能用于 S7-1200 编程的是（　　）。

A．LAD　　　　B．FBD　　　　C．STL　　　　D．SCL

9．（　　）是 S7-1200 不支持的数据类型。

A．SINT　　　　B．UINT　　　C．DT　　　　D．REAL

10．对于 FB，声明区中的（　　）不存放于背景 DB 中。

A．IN　　　　　B．OUT　　　C．STATIC　　　D．TEMP

二、判断题

1．CTU 计数器的当前值大于等于预置数 PV 时置位，停止计数。　　　　　　（　　）

2．PLC 程序中所使用的变量分为全局变量和局部变量。　　　　　　　　（　　）

3．S7-1200 PLC 中提供了增计数器、减计数器、增减计数器 3 种类型的计数器。

（　　）

4．实现同一个控制任务的 PLC 应用程序是唯一的。　　　　　　　　　（　　）

5．同一编号的线圈在同一个程序中可以使用多次，不会引起误操作。　　　（　　）

6．PLC 的输出端可直接驱动大容量电磁铁、电磁阀、电动机等大负载。　　（　　）

三、设计题

在本实训项目的基础上，设计 PLC 程序实现对成品的计数。

智能制造产线联调

【项目导读】

模块化程序设计结构具有清晰度高，可读性强，便于修改、扩充或删减等优点。由于程序设计与调试可分块进行，有利于快速发现和修正错误，从而显著提高程序设计和调试的效率，因此被程序设计人员广泛采用。在实际应用中，可根据控制任务要求，将项目分解成若干个子任务，针对每个子任务编写相应的子程序进行控制，并在 OB1 中调用这些子程序，最终完成整个项目的设计与调试。本实训项目要求采用模块化编程方法，完成智能制造产线的程序设计。

【学习目标】

1. 掌握点动控制的编程方法；
2. 熟悉模块化程序设计方法；
3. 掌握触摸屏的组态设计方法；
4. 能进行智能制造生产线的 HMI 仿真调试；
5. 能对智能制造产线控制程序进行联调。

11.1 工作任务分析

11.1.1 任务内容

本任务要求用 PLC 控制智能制造产线，在物料传送带控制、数控车床与机器人上下料控制、加工中心与机器人上下料控制子程序的基础上，进行各控制单元的联调，同时要求实现点动控制功能，并设计触摸屏实现人机交互。智能制造产线的 MCD 模型如图 11-1 所示，人机交互界面如图 11-2 所示。

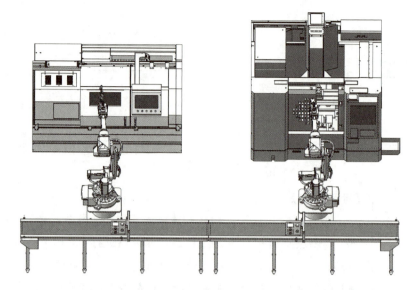

图 11-1　智能制造产线的 MCD 模型

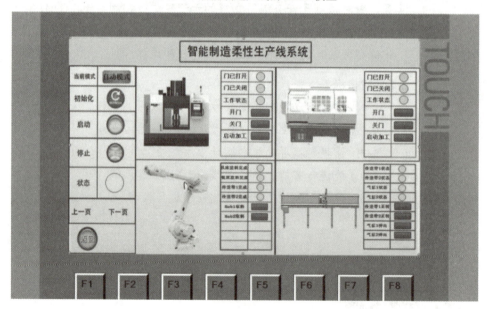

图 11-2　智能制造产线系统人机交互界面

　　智能制造产线自动模式一个工作周期的流程如下：当物料传感器产生信号后，传送带
1 启动正转；当传送带 1 号定位传感器感应到托盘到位后，传送带 1 挡停气缸伸出；传感
器检测到气缸伸出到位，延时 2s 使传送带 1 停止运转。PLC 向 MCD 模型发送机器人传送
带 1 取料信号，机器人运行至托盘位置取料并运行至 1 号位上方。当 PLC 接收到机器人到
达 1 号位上方的信号后，打开数控车床的开关门；机器人 1 抓取物料将物料放入数控车床
中退至开关门外时，MCD 模型把机器人数控车床放料完成信号发送给 PLC，数控车床门关

闭，启动数控车床进行加工。延时 3s 后，PLC 给出数控车床加工完成信号（在实际系统中由数控车床向 PLC 发出加工完成信号）并打开数控车床门。机器人到数控车床中取料，将其置于托盘中并运行至 1 号位上方，关闭数控车床开关门，机器人执行回原位动作。传送带 1 挡停气缸缩回，当检测到气缸缩回到位后，启动传送带 1、传送带 2。当传送带 2 号定位传感器检测到托盘，传送带 2 挡停气缸伸出，当检测到气缸伸出到位后，延时 2s 停止传送带 2、传送带 1。PLC 向 MCD 模型发送机器人传送带 2 取料信号，机器人运行至托盘位置取料并运行至 2 号位上方。当 PLC 接收到机器人到达 2 号位上方信号后，开启加工中心的开关门。机器人 2 抓取物料并将物料放入加工中心中，并退至开关门外时，MCD 模型把机器人加工中心放料完成信号发送给 PLC，PLC 关闭加工中心开关门，并启动加工中心进行加工。延时 3s 后，PLC 发出加工中心加工完成信号（在实际系统中由加工中心向 PLC 发出加工完成信号）并打开加工中心的开关门。当机器人放好物料并到达 2 号位后，关闭加工中心开关门，机器人执行回原位动作。传送带 2 挡停气缸缩回，当气缸缩回到位后，传送带 2 启动；等待成品到位检测传感器检测到信号，传送带 2 停止。

智能制造产线在运行状态，绿灯亮；在停止状态，黄灯亮；故障或因其他情况紧急停止，红灯亮。

PLC 与 MCD 的信号交互表如表 11-1 所示。

表 11-1　PLC 与 MCD 的信号交互表

名称	变量表	数据类型	地址	注释
启动	默认变量表	Bool	%M10.0	
停止	默认变量表	Bool	%M10.1	
复位	默认变量表	Bool	%M10.2	
产线急停	默认变量表	Bool	%I0.0	
Conveyor1_Z	默认变量表	Bool	%Q10.0	传送带 1 正转
ConResAir1	默认变量表	Bool	%Q10.1	传送带 1 挡停气缸
Conveyor2_Z	默认变量表	Bool	%Q10.6	传送带 2 正转
ConResAir2	默认变量表	Bool	%Q10.7	传送带 2 挡停气缸
MatCreate	默认变量表	Bool	%I10.0	物料生成
ConMatArrive1	默认变量表	Bool	%I10.1	传送带 1 托盘到位
AirCyl1_Out	默认变量表	Bool	%I10.2	传送带 1 挡停气缸伸出到位
AirCyl1_Back	默认变量表	Bool	%I10.3	传送带 1 挡停气缸缩回到位
RobotPlaceOK1	默认变量表	Bool	%I10.6	机器人传送带 1 放料完成
ConMatArrive2	默认变量表	Bool	%I10.7	传送带 2 托盘到位
AirCyl2_Out	默认变量表	Bool	%I11.0	传送带 2 挡停气缸伸出到位
AirCyl2_Back	默认变量表	Bool	%I11.1	传送带 2 挡停气缸缩回到位
RobotPlaceOK2	默认变量表	Bool	%I11.4	机器人传送带 2 放料完成
FiniArrive	默认变量表	Bool	%I11.5	成品到位
EStop_MCD	默认变量表	Bool	%I11.6	紧急停止

续表

名称	变量表	数据类型	地址	注释
流程启动中	默认变量表	Bool	%M9.0	
流程停止中	默认变量表	Bool	%M9.1	
Model	默认变量表	Bool	%M10.3	产线模式，true 为自动模式
黄灯	默认变量表	Bool	%M9.2	
绿灯	默认变量表	Bool	%M9.3	
红灯	默认变量表	Bool	%M9.4	
RobPick1	默认变量表	Bool	%Q11.4	机器人传送带 1 取料
LatheDoor_O	默认变量表	Bool	%Q10.2	数控车床门打开
LatheDoor_C	默认变量表	Bool	%Q10.3	数控车床门关闭
LatheStart	默认变量表	Bool	%Q10.4	数控车床启动
LatheWorkOk	默认变量表	Bool	%Q10.5	数控车床加工完成
RobArriveUp1	默认变量表	Bool	%I10.4	机器人到达 1 号位上方
RobPlaceOk_Lathe	默认变量表	Bool	%I10.5	机器人数控车床放料完成
RobPick2	默认变量表	Bool	%Q11.5	机器人传送带 2 取料
CNCDoor_O	默认变量表	Bool	%Q11.0	加工中心门打开
CNCDoor_C	默认变量表	Bool	%Q11.1	加工中心门关闭
CNCStart	默认变量表	Bool	%Q11.2	加工中心启动
CNCWorkOk	默认变量表	Bool	%Q11.3	加工中心加工完成
RobArriveUp2	默认变量表	Bool	%I11.2	机器人到达 2 号位上方
RobPlaceOk_CNC	默认变量表	Bool	%I11.3	机器人加工中心放料完成

11.1.2　任务解析

问题 1　主程序 OB1 属于程序循环 OB，CPU 在 RUN 模式时循环执行 OB1，在 OB1 中调用_____和_____。在本任务中，物料传送带控制子程序 FC1、数控车床与机器人上下料控制子程序 FC2 和加工中心与机器人上下料控制子程序 FC3，已在前面的项目中完成。

问题 2　组态时怎样建立 PLC 与 HMI 之间的 HMI 连接？

_____

_____

问题 3　依据图 11-2 所示的智能制造产线系统人机交互界面和控制要求，触摸屏需要组态_____、_____、_____。

问题 4　怎样组态具有点动功能的按钮？

_____

_____

_____

问题 5　依据提供的 PLC 变量，智能制造产线的自动模式/手动模式的切换存储单元是_____。

11.2　实践操作

11.2.1　实施准备

1. 设备和工具

装有 NX1953 软件、TIA Portal V17 软件的 PC 一台，智能制造产线的 MCD 模型一套。

2. 实施要点

问题 1　在主程序块 Main[OB1]中进行启动、停止、复位、三色灯的程序设计。在实际电路中，启动信号和停止信号可能由多个触点组成的_____电路提供。

问题 2　复位程序段需要将 FC1、FC2、FC3 中所有已置位的变量_____，并将流程的步序存储位赋值_____。

问题 3　用户编写的子程序块 FC（或 FB）只有在_____中调用或在被 OB 调用的程序块中_____，子程序块 FC（或 FB）中的指令才能被操作系统执行。

问题 4　请根据给出的 PLC 变量表，编写传送带正转和反转点动的控制程序。

问题 5　为了实现当流程启动时程序往下执行，当流程停止时程序不能往下继续执行，并且程序步不受影响，需要将_____变量的常开触点串联在程序步为"0"的程序段中。

11.2.2　实施步骤

1. 添加设备

使用 TIA Portal V17 软件添加 HMI KTP700 Basic。

操作步骤图示	说明
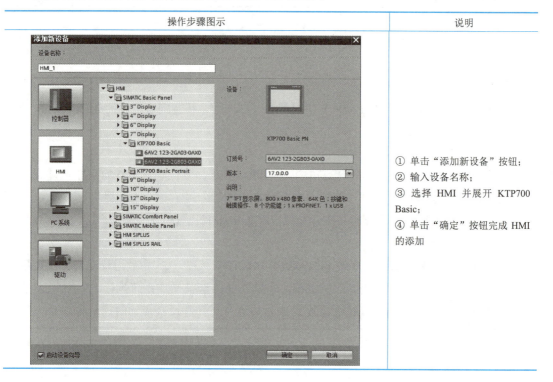	① 单击"添加新设备"按钮； ② 输入设备名称； ③ 选择 HMI 并展开 KTP700 Basic； ④ 单击"确定"按钮完成 HMI 的添加

2. 建立网络连接

建立 PLC 与 HMI 网络通信的通道。

操作步骤图示	说明
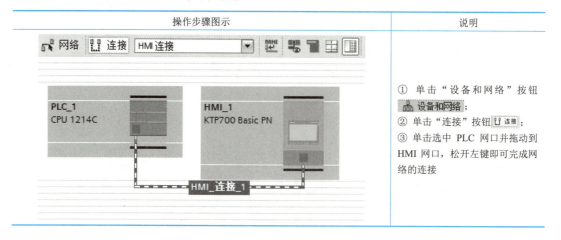	① 单击"设备和网络"按钮 品 设备和网络； ② 单击"连接"按钮 连接； ③ 单击选中 PLC 网口并拖动到 HMI 网口，松开左键即可完成网络的连接

3. 添加 PLC 变量

在 PLC 变量表中添加任务用到的全部变量。

序号	操作步骤图示	说明
1	名称　…　…　地址　…　…　注释 启动　…　%M10.0 停止　…　%M10.1 复位　…　%M10.2 产线急停　…　%I0.0 EStop_MCD　…　%I11.6　紧急停止 流程启动中　…　%M9.0 流程停止中　…　%M9.1 Model　…　%M10.3　产线模式.true为自动模式。 黄灯　…　%M9.2 绿灯　…　%M9.3 红灯　…　%M9.4	① 单击"PLC 变量",将其展开; ② 单击"显示所有变量"按钮; ③ 依次添加任务用到的变量
2	名称　数据类型　起始值 1　▼ Static 2　传送带1点动正转　Bool　false 3　传送带2点动正转　Bool　false 4　气缸1点动伸出　Bool　false 5　气缸2点动伸出　Bool　false 6　数控车床点动开门　Bool　false 7　数控车床点动关门　Bool　false 8　数控车床点动启动加工　Bool　false 9　加工中心点动开门　Bool　false 10　加工中心点动关门　Bool　false 11　加工中心点动启动加工　Bool　false 12　Rob1点动取料　Bool　false 13　Rob2点动取料　Bool　false	① 单击"程序块",将其展开; ② 双击 data 全局数据块 data [DB1]; ③ 依次添加任务用到的全局变量

4. 编写主程序

在主程序块 Main[OB1]中进行启动程序段、停止程序段、复位程序段、三色灯控制程序段、点动控制程序段的编写。

序号	操作步骤图示	说明
1	程序段 1: 当急停按下时程序停止运行.传送带停止运动.车床停止加工 %I0.0 "产线急停" — %Q10.0 "Conveyor1_Z" (R) — %Q10.6 "Conveyor2_Z" (R) — %Q10.4 "LatheStart" (R) — %Q11.2 "CNCStart" (R) %I11.6 "EStop_MCD"	① 单击"程序块",将其展开 ▼ 程序块; ② 双击 Main[OB1] Main [OB1],将其打开; ③ 当按下产线急停按钮或 MCD 模型发送紧急停止信号时,复位传送带 1、传送带 2,数控车床启动,加工中心启动
2	▼ 程序段 2:启动程序段 注释 %M10.0 "启动" — %I0.0 "产线急停" — %I11.6 "EStop_MCD" — %M10.1 "停止" — %M10.3 "Model" — %M10.2 "复位" — %M9.0 "流程启动中" %M9.0 "流程启动中"	① 单击"程序块",将其展开; ② 双击 Main[OB1],将其打开; ③ 按下启动按钮,在无产线急停、停止、复位指令且为自动模式的情况下,开启程序流程

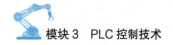

续表

序号	操作步骤图示	说明
3	程序段 3：停止程序段 注释 %M10.1 "停止"　%M10.0 "启动"　%M10.3 "Model"　%M10.2 "复位"　%M9.1 "流程停止中" %M9.1 "流程停止中"	① 单击程序段 3 添加指令； ② 按下停止按钮，在无启动、复位指令且为自动模式的情况下，程序流程停止
4	程序段 4：复位程序段 注释 %M10.2 "复位"　%Q10.0 "Conveyor1_Z"　%Q10.1 "ConResAir1"　%Q10.6 "Conveyor2_Z"　%Q10.7 "ConResAir2"　MOVE EN ENO IN OUT1→"data".Unit1_step %Q11.4 "RobPick1"　%Q10.2 "LatheDoor_O"　%Q10.3 "LatheDoor_C"　%Q10.4 "LatheStart"　%Q10.5 "LatheWorkOk"　MOVE EN ENO 0 IN OUT1→"data".Unit2_step %Q11.5 "RobPick2"　%Q11.0 "CNCDoor_O"　%Q11.1 "CNCDoor_C"　%Q11.2 "CNCStart"　%Q11.3 "CNCWorkOk"　MOVE EN ENO 0 IN OUT1→"data".Unit3_step	① 单击程序段 4 添加指令； ② 复位 FC1、FC2、FC3 中所有置位的变量，流程步序变量复位为 0
5	程序段 5： 三色灯控制 %M10.3 "Model"　%M9.0 "流程启动中"　%M9.4 "红灯"　%M9.3 "绿灯" %M9.1 "流程停止中"　%M9.4 "红灯"　%M9.2 "黄灯" "data".Unit1_step == Int 0　%M9.0 "流程启动中" %I0.0 "产线急停"　%M9.4 "红灯" %I11.6 "EStop_MCD"	① 单击程序段 5 添加指令。 ② 在自动模式下，当流程启动且没有红灯报警时，绿灯亮起。 ③ 当流程停止且没有红灯报警时黄灯亮起；当流程步序为 0，流程没有启动并且没有红灯报警时，黄灯亮起。 ④ 当产线急停按钮被按下时红灯亮起；当 EStop_MCD 软急停有信号时红灯亮起
6	程序段 6：传送带1正转 Unit1点动控制传送带1正转停止 %M10.3 "Model"　"data".传送带1点动正转　%Q10.0 "Conveyor1_Z" (S) "data".传送带1点动正转　%Q10.0 "Conveyor1_Z" (R)	① 单击程序段 6 添加指令，实现传送带 1 的正转点动控制； ② 当在手动模式下且传送带 1 点动正转按钮被按下时，置位传送带 1 正转； ③ 当在手动模式下且传送带 1 点动正转按钮松开时，复位传送带 1 正转
7	程序段 7：传送带2正转 Unit1点动控制传送带2正转停止 %M10.3 "Model"　"data".传送带2点动正转　%Q10.6 "Conveyor2_Z" (S) "data".传送带2点动正转　%Q10.6 "Conveyor2_Z" (R)	① 单击程序段 7 添加指令，实现传送带 2 的正转点动控制； ② 当在手动模式下且传送带 2 点动正转按钮被按下时，置位传送带 2 正转； ③ 当在手动模式下且传送带 2 点动正转按钮被松开时，复位传送带 2 正转

续表

序号	操作步骤图示	说明
8	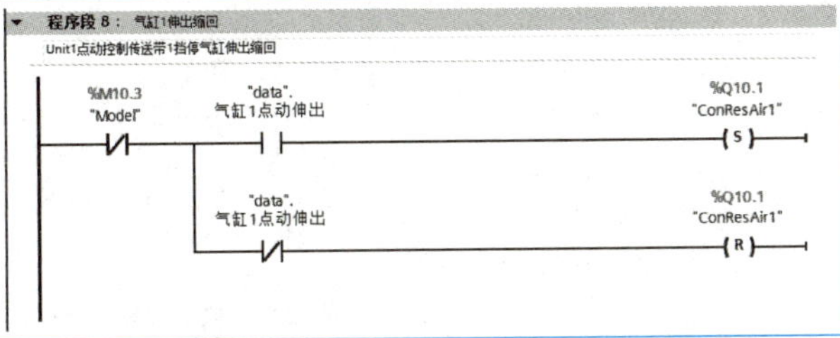 **程序段 8：气缸1伸出缩回** Unit1点动控制传送带1挡停气缸伸出缩回 %M10.3 "Model"　"data".气缸1点动伸出　%Q10.1 "ConResAir1" (S) "data".气缸1点动伸出　%Q10.1 "ConResAir1" (R)	① 单击程序段 8 添加指令，实现传送带 1 挡停气缸的点动控制； ② 当在手动模式下且气缸 1 点动伸出按钮被按下时，置位传送带 1 挡停气缸； ③ 当在手动模式下且气缸 1 点动伸出按钮被松开时，复位传送带 1 挡停气缸
9	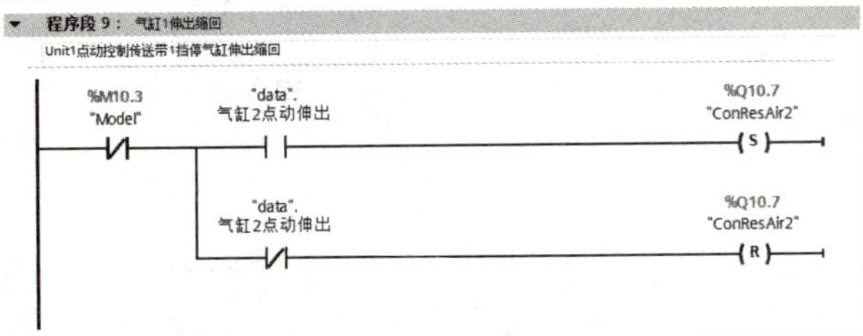 **程序段 9：气缸1伸出缩回** Unit1点动控制传送带1挡停气缸伸出缩回 %M10.3 "Model"　"data".气缸2点动伸出　%Q10.7 "ConResAir2" (S) "data".气缸2点动伸出　%Q10.7 "ConResAir2" (R)	① 单击程序段 9 添加指令，实现传送带 2 挡停气缸的点动控制； ② 当在手动模式下且气缸 2 点动伸出按钮被按下时，置位传送带 2 挡停气缸； ③ 当在手动模式下且气缸 2 点动伸出按钮被松开时，复位传送带 2 挡停气缸
10	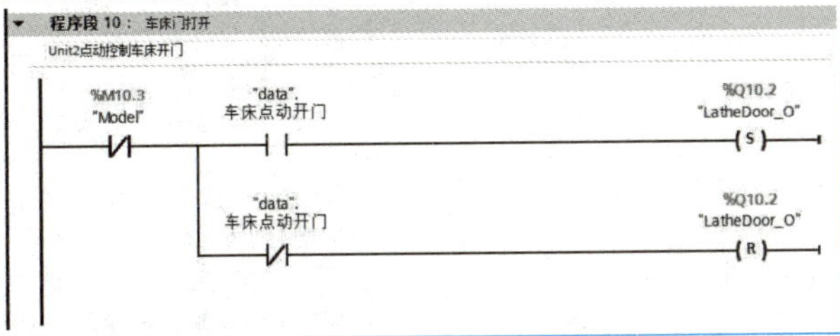 **程序段 10：车床门打开** Unit2点动控制车床开门 %M10.3 "Model"　"data".车床点动开门　%Q10.2 "LatheDoor_O" (S) "data".车床点动开门　%Q10.2 "LatheDoor_O" (R)	① 单击程序段 10 添加指令，实现数控车床点动控制开门； ② 当在手动模式下且数控车床点动开门按钮被按下时，置位数控车床门打开； ③ 当在手动模式下且数控车床点动开门按钮被松开时，复位数控车床门打开
11	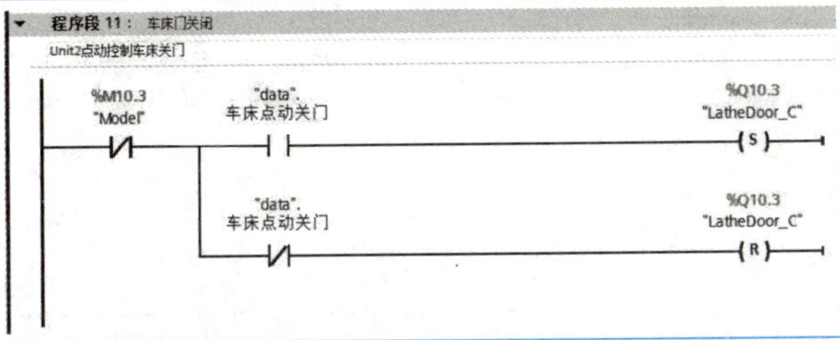 **程序段 11：车床门关闭** Unit2点动控制车床关门 %M10.3 "Model"　"data".车床点动关门　%Q10.3 "LatheDoor_C" (S) "data".车床点动关门　%Q10.3 "LatheDoor_C" (R)	① 单击程序段 11 添加指令，实现数控车床点动控制关门； ② 当在手动模式下且数控车床点动关门按钮被按下时，置位数控车床门关闭； ③ 当在手动模式下且数控车床点动关门按钮被松开时，复位数控车床门关闭
12	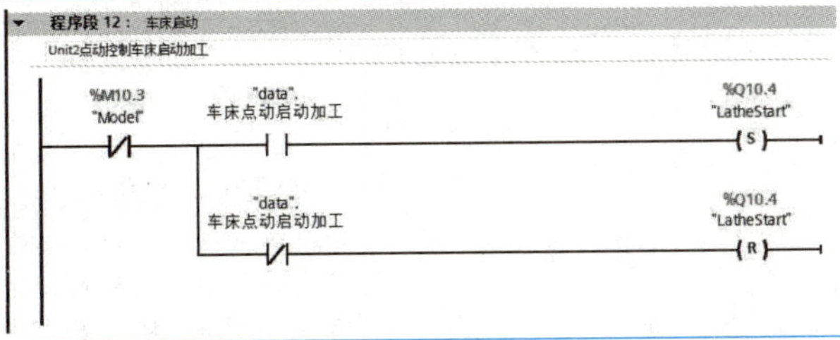 **程序段 12：车床启动** Unit2点动控制车床启动加工 %M10.3 "Model"　"data".车床点动启动加工　%Q10.4 "LatheStart" (S) "data".车床点动启动加工　%Q10.4 "LatheStart" (R)	① 单击程序段 12 添加指令，实现点动控制数控车床启动加工； ② 当在手动模式下且数控车床点动启动加工按钮被按下时，置位数控车床启动； ③ 当在手动模式下且数控车床点动启动加工按钮被松开时，复位数控车床启动
13	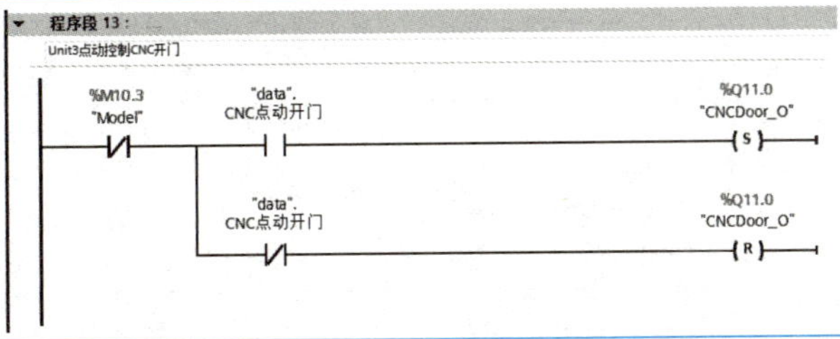 **程序段 13：** Unit3点动控制CNC开门 %M10.3 "Model"　"data".CNC点动开门　%Q11.0 "CNCDoor_O" (S) "data".CNC点动开门　%Q11.0 "CNCDoor_O" (R)	① 单击程序段 13 添加指令，实现加工中心点动控制开门； ② 当在手动模式下且加工中心点动开门按钮被按下时，置位加工中心门打开； ③ 当在手动模式下且加工中心点动开门按钮被松开时，复位加工中心门打开

续表

序号	操作步骤图示	说明
14	程序段 14： Unit3点动控制CNC关门 %M10.3 "Model" ┤├ — "data".CNC点动关门 ┤├ — %Q11.1 "CNCDoor_C" (S) "data".CNC点动关门 ┤/├ — %Q11.1 "CNCDoor_C" (R)	① 单击程序段 14 添加指令，实现加工中心点动控制关门； ② 当在手动模式下且加工中心点动关门按钮被按下时，置位加工中心门关闭； ③ 当在手动模式下且加工中心点动关门按钮被松开时，复位加工中心门关闭
15	程序段 15： Unit3点动控制CNC启动 %M10.3 "Model" ┤├ — "data".CNC点动加工 ┤├ — %Q11.2 "CNCStart" (S) "data".CNC点动启动加工 ┤/├ — %Q11.2 "CNCStart" (R)	① 单击程序段 15 添加指令，实现点动控制加工中心启动加工； ② 当在手动模式下且加工中心点动启动加工按钮被按下时，置位 CNC 启动； ③ 当在手动模式下且加工中心点动启动加工按钮被松开时，复位加工中心启动
16	程序段 16： Unit3点动控制机器人1取料 %M10.3 "Model" ┤├ — "data".Rob1点动取料 ┤├ — %Q11.4 "RobPick1" (S) "data".Rob1点动取料 ┤/├ — %Q11.4 "RobPick1" (R)	① 单击程序段 16 添加指令，实现点动控制机器人 1 取料； ② 当在手动模式下且 Rob1 点动取料按钮被按下时，置位机器人传送带 1 取料； ③ 当在手动模式下且 Rob1 点动取料按钮被松开时，复位机器人传送带 1 取料
17	程序段 17： Unit3点动控制机器人2取料 %M10.3 "Model" ┤├ — "data".Rob2点动取料 ┤├ — %Q11.5 "RobPick2" (S) "data".Rob2点动取料 ┤/├ — %Q11.5 "RobPick2" (R)	① 单击程序段 17 添加指令，实现点动控制机器人 2 取料； ② 当在手动模式下且 Rob2 点动取料按钮被按下时，置位机器人传送带 2 取料； ③ 当在手动模式下且 Rob2 点动取料按钮被松开时，复位机器人传送带 2 取料

5. 实现启动、停止子程序

根据任务流程编写、添加指令实现产线的启动、停止功能。

操作步骤图示	说明
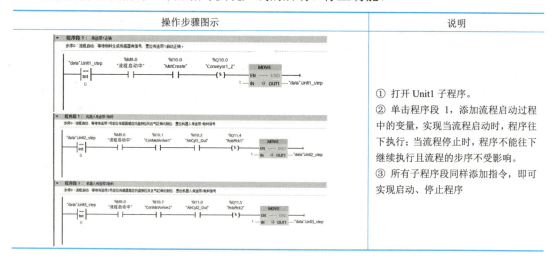	① 打开 Unit1 子程序。 ② 单击程序段 1，添加流程启动过程中的变量，实现当流程启动时，程序往下执行；当流程停止时，程序不能往下继续执行且流程的步序不受影响。 ③ 所有子程序段同样添加指令，即可实现启动、停止程序

6. HMI 组态

对 HMI 面板进行组态，使之能实现对产线的模式进行切换，并可以复位、启动、停止产线，还可以观察产线的状态等。

序号	操作步骤图示	说明
1	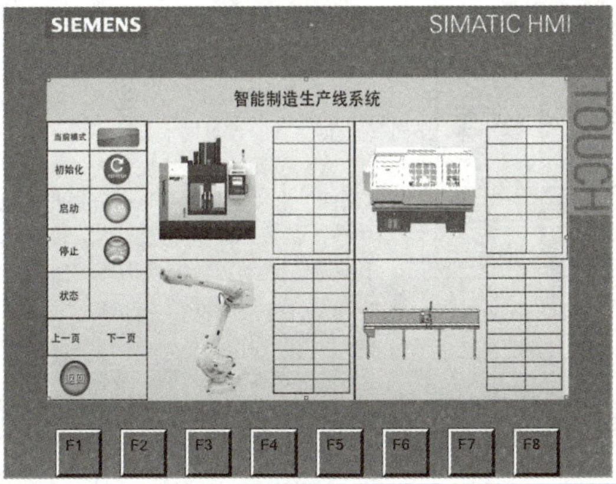	① 将 HMI 展开 ▼ 🗀 HMI_1 [KTP700 Basic PN]； ② 单击"画面"将其展开，并双击"根画面" ▶ 根画面； ③ 对 HMI 根画面添加一张背景图片
2		① 添加"手动模式"和"自动模式"文本； ② 选择"手动模式"文本，右击，在弹出的快捷菜单中选择"属性"选项，选择"动画"选项卡； ③ 单击"可见性" ◉可见性 进行变量绑定，变量选择 Model，范围从"0"到"0"，可见性选择可见； ④ "自动模式"文本的设置同上
3		① 添加按钮并调整其大小； ② 选择按钮，右击，在弹出的快捷菜单中选择"属性"选项，外观填充图案选择"透明"，边框宽度选择"0"； ③ 单击"事件"进行变量绑定，选中单击函数，选择取反位，变量选择"Model"
4	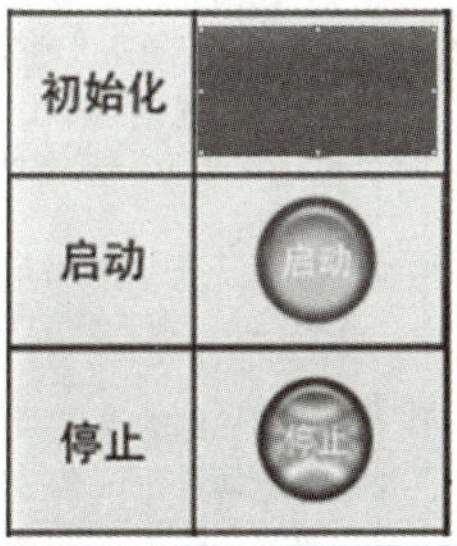	① 添加按钮到"初始化"区域上并调整其大小。 ② 选择按钮，右击，在弹出的快捷菜单中选择"属性"选项，外观填充图案选择"透明"，边框宽度选择"0"； ③ 单击"事件"进行变量绑定，选中按下函数，选择"置位位"，变量选择"复位"；选中释放函数，选择"复位位"，变量选择"复位"。 ④ "启动"和"停止"按钮的设置同上
5	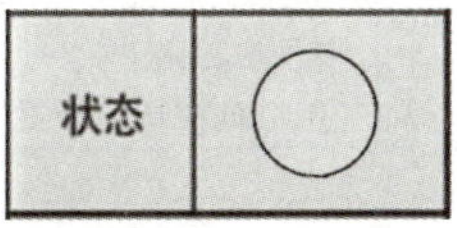	① 添加基本对象圆到状态区域上并调整其大小； ② 选择圆，右击，在弹出的快捷菜单中选择"属性"选项，外观颜色选择黄色； ③ 单击"动画"进行变量绑定，可见性单击添加，变量选择"黄灯"，范围从"1"到"1"，可见性选择"可见"； ④ 绿灯、红灯的设置同上

续表

序号	操作步骤图示	说明
6	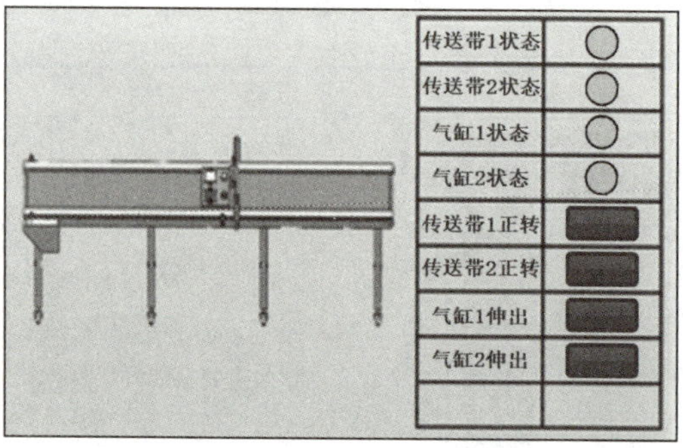	① 依次添加文本、圆、按钮等对象。 ② 选择圆，右击，在弹出的快捷菜单中选择"属性"选项，单击"动画"→"外观"进行变量绑定。 ③ 变量选择"Conveyor1_Z"，范围"0"的背景色选择灰色，范围"1"的背景色选择绿色，如下图所示： | 范围 ▲	背景色
---	---
0	222, 219, …
1	0, 255, 0	 ④ 其他圆的设置同上。 ⑤ 选择按钮，右击，在弹出的快捷菜单中选择"属性"选项，单击"事件"进行变量绑定，选中按下函数，选择"置位位"，变量选择"data_传送带 1 点动正转"；选中释放函数，选择"复位位"，变量选择同上。 ⑥ 其他按钮的设置同上
7	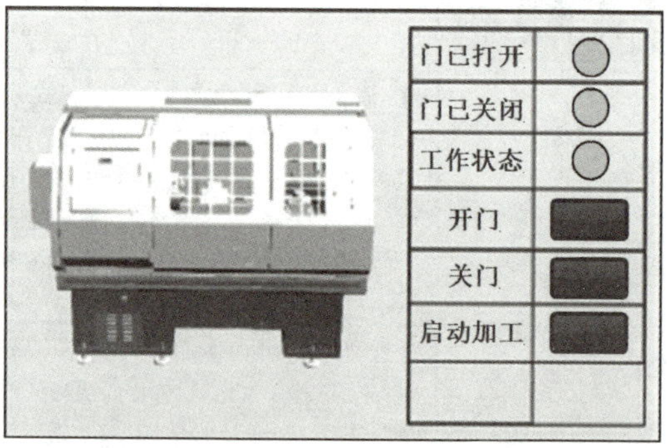	① 依次添加文本、圆、按钮等对象。 ② 选择圆，右击，在弹出的快捷菜单中选择"属性"选项，单击"动画"→"外观"进行变量绑定。 ③ 变量选择"LatheDoor_O"，范围"0"的背景色选择灰色，范围"1"的背景色选择绿色，如下图所示： | 范围 ▲	背景色
---	---
0	222, 219, …
1	0, 255, 0	 ④ 其他圆的设置同上。 ⑤ 选择按钮，右击，在弹出的快捷菜单中选择"属性"选项，单击"事件"进行变量绑定，选中按下函数，选择"置位位"，变量选择"data_车床点动开门"；选中释放函数，选择"复位位"，变量选择同上。 ⑥ 其他按钮的设置同上
8	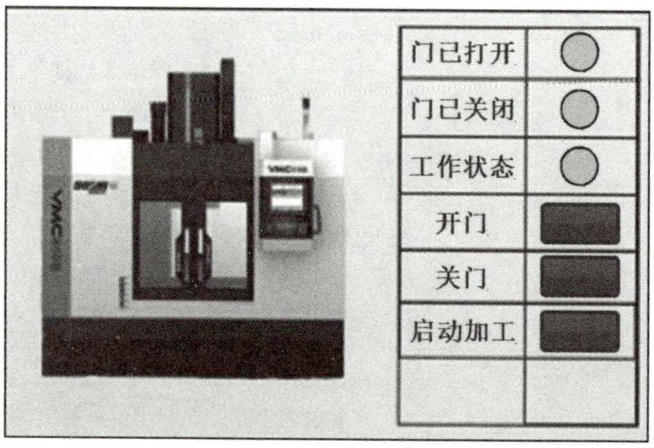	① 依次添加文本、圆、按钮等对象。 ② 选择圆，右击，在弹出的快捷菜单中选择"属性"选项，单击"动画"→"外观"进行变量绑定。 ③ 变量选择"CNCDoor_O"，范围"0"的背景色选择灰色，范围"1"的背景色选择绿色，如下图所示： | 范围 ▲	背景色
---	---
0	222, 219, …
1	0, 255, 0	 ④ 其他圆的设置同上。 ⑤ 选择按钮，右击，在弹出的快捷菜单中选择"属性"选项，单击"事件"进行变量绑定，选中按下函数，选择"置位位"，变量选择"data_CNC 点动开门"；选中释放函数，选择"复位位"，变量选择同上。 ⑥ 其他按钮的设置同上

续表

序号	操作步骤图示	说明
9	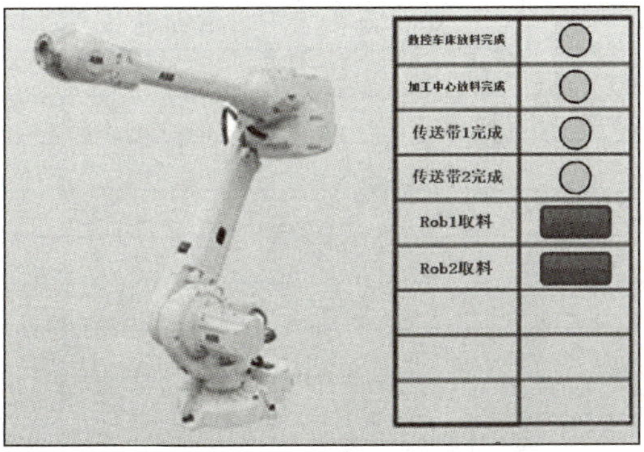	① 依次添加文本、圆、按钮等对象。 ② 选择圆，右击，在弹出的快捷菜单中选择"属性"选项，单击"动画"→"外观"进行变量绑定。 ③ 变量选择"RobPlaceOk_Lathe"，范围"0"的背景色选择灰色，范围"1"的背景色选择绿色，如下图所示： ④ 其他圆的设置同上。 ⑤ 选择按钮，右击，在弹出的快捷菜单中选择"属性"选项，单击"事件"进行变量绑定，选中按下函数，选择"置位位"，变量选择"data_Rob1点动取料"；选中释放函数，选择"复位位"，变量选择同上。 ⑥ 其他按钮的设置同上

在表格说明③中的小图：

范围 ▲	背景色
0	222, 219, …
1	0, 255, 0

11.3　评价反馈

学生互评表如表 11-2 所示。可在对应表栏内打"√"。

表 11-2　学生互评表

序号	评价项目	优秀（90%～100%）	良好（80%～90%）	合格（60%～70%）	未完成（<60%）
1	准备充分				
2	按计划时间完成任务				
3	引导问题填写完成量				
4	操作技能熟练程度				
5	最终完成作品质量				
6	团队合作与沟通				
7	6S 管理				

存在的问题：

说明：此表作为教师综合评价参考；表中的百分数表示任务完成率。

教师综合评价表如表 11-3 所示。可在对应表栏内打 "√"。

表 11-3　教师综合评价表

序号	评价项目	优秀 （90%～100%）	良好 （80%～90%）	合格 （60%～80%）	未完成 （<60%）
1	准备充分				
2	按计划时间完成任务				
3	引导问题填写完成量				
4	操作技能熟练程度				
5	最终完成作品质量				
6	操作规范				
7	安全操作				
8	6S 管理				
9	创新点				
10	团队合作与沟通				
11	参与讨论主动性				
12	主动性				
13	展示汇报				

综合评价：

说明：共 13 个考核点，完成其中的 60%（即 8 个）及以上（即获得 "合格" 及以上）方为完成任务；如未完成任务，则须再次重新开始任务，直至同组同学和教师验收合格为止。

知识链接

1. HMI 的主要任务

HMI 是 human machine interface 的缩写，即人机接口，也称人机界面。人机界面（又称用户界面或使用者界面）是系统和用户之间进行交互和信息交换的媒介。在控制领域，人机界面一般特指用于操作人员与控制系统之间进行对话和相互作用的专用设备。HMI 的主要任务如下。

（1）过程可视化

设备的工作状态显示在 HMI 设备上，显示画面包括指示灯、按钮、文字、图形和曲线等，画面可根据过程变化动态更新。

（2）操作员对过程的控制

操作员可以通过图形用户界面来控制过程。例如，操作员可以通过数据或文字输入操作，预置控件的参数或启动电动机。

（3）显示报警

过程的临界状态会自动触发报警，如当超出设定值时显示报警信息。

（4）归档过程值

HMI 系统可以连续、顺序记录过程值和报警，并检索以前的生产数据，打印输出生产数据。

（5）过程和设备的参数管理

HMI 系统可以将过程和设备的参数存储在配方中。例如，可以一次性将这些参数从 HMI 设备下载到 PLC，以便改变产品版本进行生产。

2. 按钮

HMI 上组态的按钮与接在 PLC 输入端的物理按钮的功能相同，主要用来给 PLC 提供开关量输入信号，通过 PLC 的用户程序控制生产过程。这样，整条生产线的控制既可以通过控制面板中的按钮实现，也可以通过 HMI 上的按钮实现。

画面中的按钮元件是 HMI 画面上的虚拟键。为了模拟按钮的功能，可以组态按下该键使连接的变量"置位"，释放该键使连接的变量"复位"。

注意：该按钮所连接的变量不能是实际的启动按钮或停止按钮的输入地址 I0.0 或 I0.1。因为 I0.0 或 I0.1 是输入过程映像区的存储位，每个扫描周期都要被实际按钮的状态所刷新，使在 HMI 上所做的操作无效。因此，必须将画面按钮连接的变量保存在 PLC 的 M 存储器区或数据块区。本任务中设 M10.0 为"启动按钮"变量的地址，M10.1 为"停止按钮"变量的地址。

3. 程序块的调用

用户编写的子程序块 FC（或 FB）只有在 OB 中调用或在被 OB 调用的程序块中嵌套调用，子程序块 FC（或 FB）中的指令才能被操作系统执行。

OB1 为程序循环组织块，CPU 运行程序时，会循环扫描 OB1，故子程序在 OB1 中进行调用。在项目树窗口程序块文件夹中，将该程序块拖曳至 OB1 的程序段中，即可实现程序块的调用。

4. PROFINET

PROFINET 是一种用于工业自动化领域的创新、开放式以太网标准（IEC 61158）。使用 PROFINET，设备可以从现场级连接到管理级。PROFINET 采用 TCP/IP 和 IT 标准，是一种实时以太网。通过 PROFINET，分布式现场设备（如现场 I/O 设备信号模板）可直接连接到工业以太网，与 PLC 等设备通信，并且可以达到与现场总线相同或更优越的响应时间，其典型的响应时间在 10ms 数量级，完全可满足现场级的使用。

直 击 工 考

一、填空题

1. 数据块种类有＿＿＿＿＿＿和＿＿＿＿＿＿。

2．PLC 中 CPU 的工作模式有_____模式、STARTUP 模式和 RUN 模式。

3．函数 FC 有两种常用的方法：一是_____，二是_____ _____。

4．PLC 的输入和输出信号类型可以是数字量、_____和_____。

5．_____的结构与相应函数块的接口相同，且只能在函数块中更改。

6．用户程序包括数据块和程序块，其中程序块有 3 种类型：_____、 _____和_____。

7．小型自动化任务可在程序循环 OB 中进行_____，这种编程方式适用于_____编写。

8．以太网拓扑结构有_____和_____。

9．CPU 中用于存储程序代码的存储器为_____存储器，而用于代码执行及数据存储的存储器为_____存储器。

10．S7-1200 CPU 所支持的组织块类型包括循环组织块、启动组织块、_____组织块、_____组织块、_____组织块、诊断中断组织块、时间错误组织块。

二、判断题

1．仿真的 PLC 和仿真的触摸屏可以进行通信操作。　　　　　　　　　（　　　）

2．设备的故障状态可以显示在触摸屏画面上。　　　　　　　　　　　（　　　）

3．操作员不可以通过画面上的按钮来启动电机。　　　　　　　　　　（　　　）

4．S7-1200 CPU 集成有多种总线接口，包括 PROFINET、PROFIBUS。（　　　）

5．S7-1200 PLC 的信号模块可以单独工作。　　　　　　　　　　　　（　　　）

6．仿真的触摸屏与仿真的 PLC 连接成功，按钮和参数设置等操作和真实的设备一样。
　　　　　　　　　　　　　　　　　　　　　　　　　　　　　　　（　　　）

7．S7 通信协议是西门子 S7 系列 PLC 基于 MPI、PROFIBUS 和以太网的一种优化的通信协议。　　　　　　　　　　　　　　　　　　　　　　　　　　（　　　）

8．Modbus TCP 通信协议是西门子公司于 1996 年推出的基于以太网 TCP/IP 的 Modbus 协议。　　　　　　　　　　　　　　　　　　　　　　　　　　　　（　　　）

9．工业以太网是在以太网技术和 TCP/IP 技术的基础上开发出来的一种工业网络，技术上与商业以太网（即 IEEE 802.3 标准）不兼容。　　　　　　　　　（　　　）

三、简答题

1．描述结构化编程的优点。

2．怎样用 HMI 的控制面板设置它的 PN 接口的 IP 地址？

模块 4

机电一体化概念设计

机电一体化概念设计（MCD）模块是一个可独立运行的软件模块。该模块基于系统级产品需求，为机械部件、电气部件和软件组成的多学科产品概念模型提供功能设计解决方案。MCD 支持运用机械原理、电气原理和自动化原理进行早期概念设计，实现多学科协同开发，并支持完整产品的研制流程。此外，MCD 还支持概念系统的验证，包括系统行为模拟、物理特性仿真和过程模拟。

本模块以智能制造产线为模型，采用 NX 软件构建设备实际生产动作的虚拟仿真环境，并通过 TIA Portal 软件实现 PLC 与 NX MCD 模型的集成，最终完成对模型的仿真控制。

【学习目标】

1. 掌握物料传送带运输机电对象的设置；
2. 掌握数控机床开关量及急停机电对象的设置；
3. 掌握加工中心机器人信号适配器及仿真序列的设置；
4. 掌握智能制造产线信号映射及 OPC UA 的设置，完成虚实仿真联调。

【素养目标】

1. 具有坚定正确的政治信念、良好的职业道德和科学的创新精神；
2. 具有良好的心理素质和健康的体魄；
3. 具有分析与决策的能力；
4. 具有与他人合作、沟通、团队协作的能力。

实训项目 **12**

物料传送带运输

【项目导读】

　　本实训项目要求基于提供的功能模型，为新部件创建基本几何模型。针对每个部件，通过直接引用需求并结合交互式仿真技术来验证操作的正确性，定义运动副、刚体、运动特性、碰撞行为、对象源、碰撞传感器等关键参数。

【学习目标】

1. 掌握刚体、碰撞体的设置方法；
2. 掌握传输面的设置方法；
3. 能将传送带上的传感器设置为碰撞传感器；
4. 能进行对象源的设置、生成；
5. 能对对象变换器进行设置。

12.1　工作任务分析

12.1.1　任务内容

传送带如图 12-1 所示，实现碰撞体、刚体、对象源、传感器的设置生成。

1—原料到位传感器；2—原料托盘；3—半成品托盘；4—传送带 1 托盘到位传感器；5—成品托盘；
6—传送带 2 托盘到位传感器；7—产品收集传感器；8—传送带 1；9—传送带 2。

图 12-1　传送带

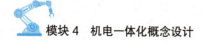

相关参数：传送带 1、传送带 2 的运行速度为 200mm/s；传送带 1 挡停气缸和传送带 2 挡停气缸，行程为 90mm，速度为 100mm/s。

12.1.2　任务解析

问题 1　传送带是_____运动的。

问题 2　刚体是什么？

_____

_____

_____

问题 3　什么是碰撞体？

_____

_____

_____

问题 4　传感器是如何工作的？

_____

_____

_____

12.2　实践操作

12.2.1　实施准备

安装好 NX 软件（NX1953 及以上版本）。打开 NX 软件，进入 MCD 界面，打开模型文件。

12.2.2　实施要点

1）设置传送带功能；

2）设置传感器功能；

3）传送带物料生成；

4）设置对象变换功能。

12.2.3　实施步骤

物料传送带运输说明如表 12-1 所示。

表 12-1　物料传送带运输说明

序号	名称	说明
1	设置托盘基本物理环境	创建托盘刚体与碰撞体
2	设置传送带功能	将传送带设置为传输面
3	设置传感器功能	将传送带上的传感器设置为碰撞传感器
4	设置传送带物料生成功能	将原料托盘设置为对象源，让其可以源源不断地产生原料托盘
5	设置对象变换功能	当传送带 1 托盘到位传感器感应到原料托盘到位，对象变换器开始工作，把原料托盘变换成半成品托盘

物料传送带的运输步骤如下。

1. 设置托盘基本物理环境

序号	操作步骤图示	说明
1	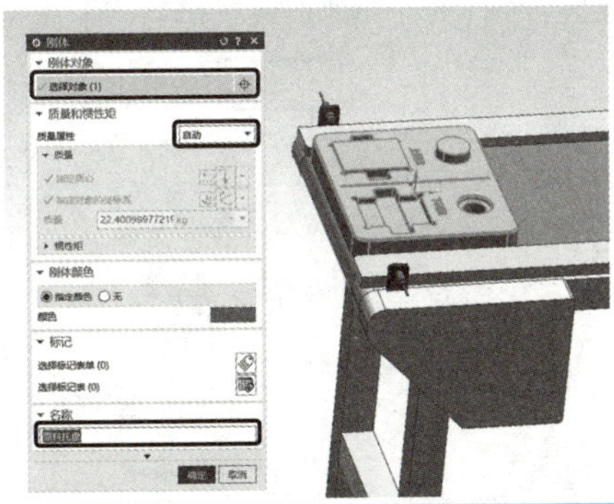	将原料托盘设置为"刚体"，"质量属性"设置为"自动"，命名为"原料托盘"
2	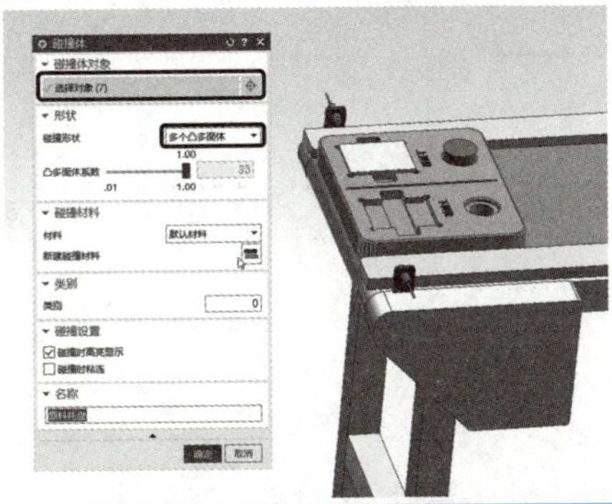	将原料托盘底面、四周、前后等面设置为"碰撞体"，碰撞形状设置为"多个凸多面体"
3	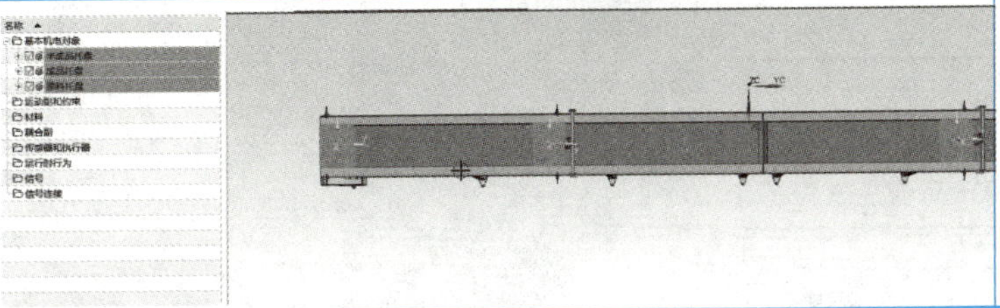	按上述步骤依次设置半成品托盘与成品托盘刚体、碰撞体

说明：刚体和碰撞体的创建方法可参考"知识链接 2"。

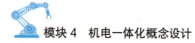

2. 设置传送带功能

序号	操作步骤图示	说明
1	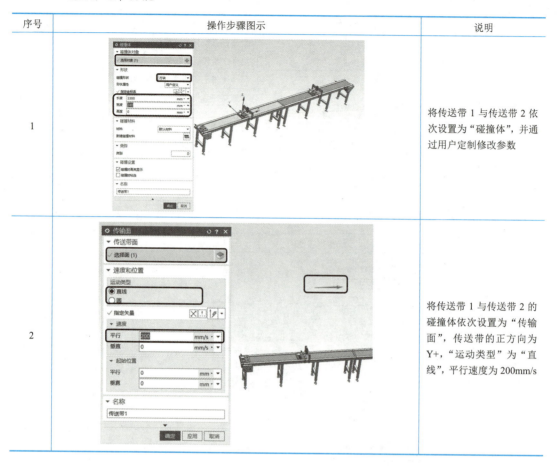	将传送带1与传送带2依次设置为"碰撞体"，并通过用户定制修改参数
2		将传送带1与传送带2的碰撞体依次设置为"传输面"，传送带的正方向为Y+，"运动类型"为"直线"，平行速度为200mm/s

3. 设置传感器功能

序号	操作步骤图示	说明
1	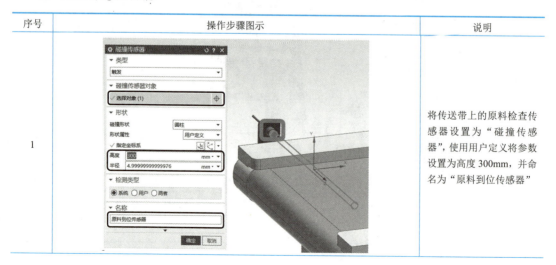	将传送带上的原料检查传感器设置为"碰撞传感器"，使用用户定义将参数设置为高度300mm，并命名为"原料到位传感器"

续表

序号	操作步骤图示	说明
2	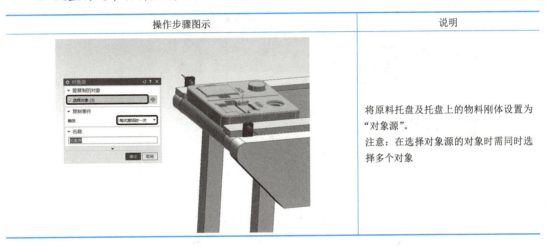	按上述步骤依次建立"传送带 1 托盘到位传感器"、"传送带 2 托盘到位传感器"和"收集传感器"

4. 设置传送带物料生成功能

操作步骤图示	说明
	将原料托盘及托盘上的物料刚体设置为"对象源"。 注意：在选择对象源的对象时需同时选择多个对象

5. 设置对象变换功能

序号	操作步骤图示	说明
1	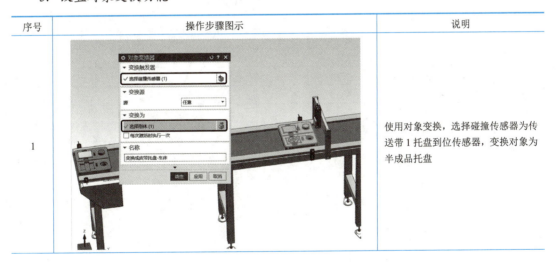	使用对象变换，选择碰撞传感器为传送带 1 托盘到位传感器，变换对象为半成品托盘

续表

序号	操作步骤图示	说明
2	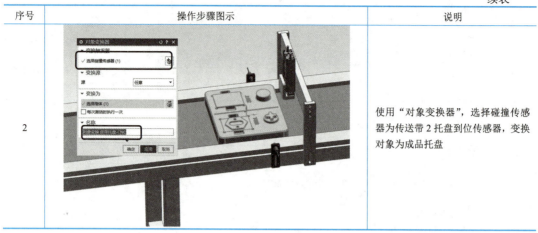	使用"对象变换器",选择碰撞传感器为传送带 2 托盘到位传感器,变换对象为成品托盘

12.3　评价反馈

学生互评表如表 12-2 所示。可在对应表栏内打"√"。

表 12-2　学生互评表

序号	评价项目	优秀 (90%~100%)	良好 (80%~90%)	合格 (60%~80%)	未完成 (<60%)
1	准备充分				
2	按计划时间完成任务				
3	引导问题填写完成量				
4	操作技能熟练程度				
5	最终完成作品质量				
6	团队合作与沟通				
7	6S 管理				

存在的问题:

说明:此表作为教师综合评价参考;表中的百分数表示任务完成率。

教师综合评价表如表 12-3 所示。可在对应表栏内打"√"。

表 12-3　教师综合评价表

序号	评价项目	优秀 （90%～100%）	良好 （80%～90%）	合格 （60%～80%）	未完成 （<60%）
1	准备充分				
2	按计划时间完成任务				
3	引导问题填写完成量				
4	操作技能熟练程度				
5	最终完成作品质量				
6	操作规范				
7	安全操作				
8	6S 管理				
9	创新点				
10	团队合作与沟通				
11	参与讨论主动性				
12	主动性				
13	展示汇报				

综合评价：

说明：共 13 个考核点，完成其中的 60%（即 8 个）及以上（即获得"合格"及以上）方为完成任务；如未完成任务，则须再次重新开始任务，直至同组同学和教师验收合格为止。

知识链接 1

下面主要介绍智能制造产线。

1. 产线说明

智能制造产线由数控车床、数控车床自动上下料机器人、托盘传送带、数控加工中心、加工中心自动上下料机器人组成。智能制造产线分布如图 12-2 所示。

2. 产线组件说明

1）数控车床为加工设备，由自动开关门气缸、自定心卡盘、车床本体组成，如图 12-3 所示。

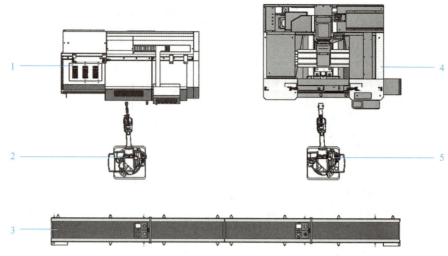

1—数控车床；2—数控车床自动上下料机器人；3—托盘传送带；
4—数控加工中心；5—加工中心自动上下料机器人。

图 12-2 智能制造产线分布

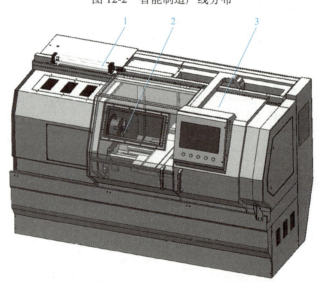

1—自动开关门气缸；2—自定心卡盘；3—车床本体。

图 12-3 数控车床

2）数控车床自动上下料机器人为机械手设备，由取料夹紧气缸、6 轴机器人本体、机器人安装底座组成，如图 12-4 所示。

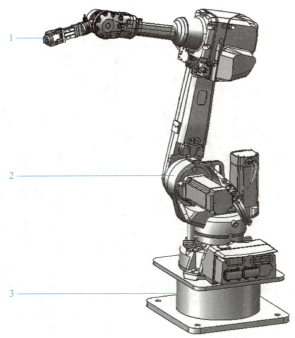

1—取料夹紧气缸；2—6 轴机器人本体；3—机器人安装底座。

图 12-4　数控车床自动上下料机器人

3）托盘传送带为托盘输送设备，由位置传感器、传送带、托盘拦停阻挡机构、托盘侧边导向、传送带动力电机组成，如图 12-5 所示。

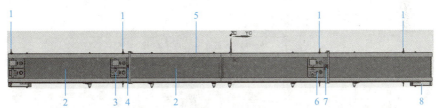

1—位置传感器；2—传送带；3—数控车床机器人上下料托盘位置；4、7—托盘拦停阻挡机构；
5—托盘侧边导向；6—加工中心机器人上下料托盘位置；8—传送带动力电机。

图 12-5　托盘传送带

4）数控加工中心由自动开关门气缸、自动加工夹具、机床本体组成，如图 12-6 所示。

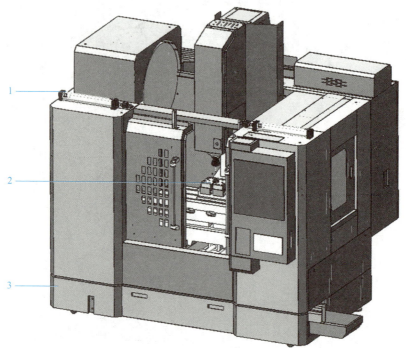

1—自动开关门气缸；2—自动加工夹具；3—机床本体。

图 12-6　数控加工中心

5）加工中心自动上下料机器人为机械手设备，由取料夹紧气缸、6 轴机器人本体、机器人安装底座组成，如图 12-7 所示。

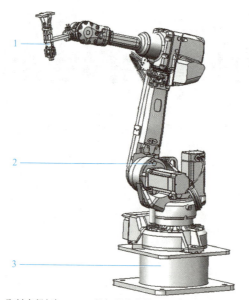

1—取料夹紧气缸；2—6 轴机器人本体；3—机器人安装底座。

图 12-7　加工中心自动上下料机器人

3．加工产品零件说明

（1）十字轮轴

十字轮轴的加工说明如图 12-8 所示。

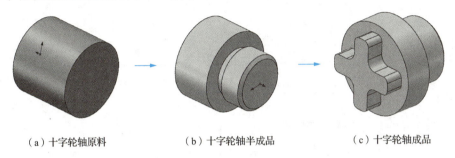

（a）十字轮轴原料　　　　　（b）十字轮轴半成品　　　　　（c）十字轮轴成品

图 12-8　十字轮轴的加工说明

（2）六方台模板

六方台模板的加工说明如图 12-9 所示。

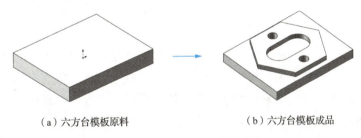

（a）六方台模板原料　　　　　　　　　　（b）六方台模板成品

图 12-9　六方台模板的加工说明

4．生产线生产流程

1）将十字轮轴原料放入产品托盘，托盘传送带将产品托盘输送至数控车床机器人抓取位置；

2）位置传感器 01 感应到托盘，拦停阻挡气缸下降，拦停产品托盘，完成托盘定位；

3）数控车床机器人接收到位置传感器信号，抓取十字轮轴原料；

4）数控车床接收到机器人上料信号，防护门打开，数控车床机器人放入十字轮轴原料；

5）数控车床防护门关闭，数控车床启动加工程序；

6）数控车床加工完成，数控车床防护门打开，数控车床机器人接收数控车床加工完成信号；

7）数控车床机器人从数控车床取出加工完成的十字轮轴半成品，放入产品托盘上；

8）阻挡气缸上升，放行产品托盘；

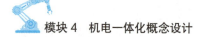

9）传送带将产品托盘输送至加工中心机器人抓取位置，位置传感器 02 感应到托盘，拦停阻挡气缸下降，拦停产品托盘，完成托盘定位；

10）加工中心机器人接收到位置传感器信号，加工中心抓取十字轮轴半成品；

11）加工中心接收到机器人上料信号，防护门打开，加工中心机器人放入十字轮轴半成品；

12）加工中心防护门关闭，加工中心启动加工程序；

13）加工中心加工完成，防护门打开，加工中心机器人接收加工中心加工完成信号；

14）加工中心机器人从加工中心取出加工完成的十字轮轴成品，放入产品托盘上；

15）拦停阻挡气缸上升，放行产品托盘；

16）传送带将产品托盘往下运送；

17）按 1）～16）循环进行。

知识链接 2

1. 刚体的概念和应用介绍

刚体：刚体组件可使几何对象在物理系统的控制下运动，刚体可接受外力与扭矩力，用来保证几何对象如同在真实世界中那样进行运动。任何几何对象只有添加了刚体组件才能受到重力或其他作用力的影响，如定义了刚体的几何体受重力影响会落下。

如果几何体未定义刚体对象，那么这个几何体将完全静止。

刚体具有以下物理属性：

1）质量和惯性；

2）平动和转动速度；

3）质心位置和方位——由所选几何对象决定。

注意：一个或多个几何体上只能添加一个刚体，刚体之间不可产生交集。

定义刚体：单击"主页"功能选项卡"机械"组中的"刚体"按钮 （图 12-10），弹出"刚体"对话框（图 12-11），刚体参数描述如表 12-4 所示。

图 12-10　刚体入口位置

图 12-11　"刚体"对话框

表 12-4　刚体参数描述

序号	参数	描述
1	刚体对象	选择一个或者多个对象。所选择的对象将会生成一个刚体
2	质量属性	• 一般来说，尽可能地设置为"自动"。设置为"自动"后，MCD 将会根据几何信息自动计算质量 • "用户自定义"需要用户按照需要手工输入相对应的参数
3	初始平移速度	为刚体定义初始平移速度的大小和方向，该初速度在单击播放时附加在刚体对象上
4	刚体颜色	指定颜色：为刚体指定颜色 无：不为刚体指定颜色
5	初始旋转速度	为刚体定义初始旋转速度的大小和方向，该初速度在单击播放时附加在刚体对象上
6	选择标记表单	为刚体指定标记属性的表单，该标记表单需要和读写设备、标记表配合使用。利用表单可以模拟一些简单的类似 RFID 的行为
7	名称	定义刚体的名称

2. 碰撞体的概念和应用介绍

碰撞体：物理组件的一类，两个碰撞体之间要发生相对运动才能触发碰撞，也就是说至少有一个碰撞体所选的几何体上面定义了刚体对象。如果两个刚体相互撞在一起，当两个对象都定义有碰撞体时物理引擎才会计算碰撞。在物理模拟中，没有添加碰撞体的刚体会彼此相互穿过。

　　机电一体化概念设计利用简化的碰撞形状来高效计算碰撞关系。机电一体化概念设计支持以下几种碰撞形状，计算性能一般情况下从优到劣依次是：方块≈球≈圆柱≈胶囊>凸多面体>多个凸多面体>网格。碰撞体类型对比如表 12-5 所示。

表 12-5　碰撞体类型对比

碰撞类型	形状	几何精度	可靠性	仿真性能
方块		低	高	高
球		低	高	高
圆柱		低	高	高
胶囊		低	高	高
凸多面体		中等	高	中等
多个凸多面体		中等	高	中等
网格面		高	低	低

　　定义碰撞体：单击"主页"功能选项卡"机械"组中的"碰撞体"按钮 📦（图 12-12），弹出"碰撞体"对话框（图 12-13），碰撞体参数描述如表 12-6 所示。

图 12-12　碰撞体入口位置

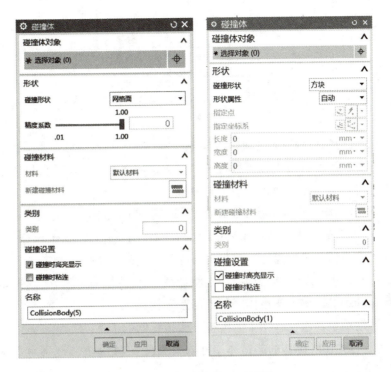

图 12-13　"碰撞体"对话框

表 12-6　碰撞体参数描述

序号	参数	描述
1	碰撞体对象	选择一个或多个几何体。将会根据所选择的所有几何体计算碰撞形状
2	碰撞形状	碰撞形状的类型： • 方块 • 球 • 圆柱 • 胶囊 • 凸多面体 • 多个凸多面体 • 网格面
3	形状属性	• "自动"默认形状属性，自动计算碰撞形状 • "用户自定义"要求用户输入自定义的参数
4	指定点	碰撞形状的几何中心点
5	指定坐标系	为当前的碰撞形状指定坐标系
6	碰撞形状尺寸	定义碰撞形状的尺寸。这些尺寸类型取决于碰撞形状的类型
7	碰撞材料	以下属性参数取决于材料： • 静摩擦力 • 动摩擦力 • 恢复：材料性质与弹簧一样，可恢复
8	类别	只有定义了起作用类别中的两个或多个几何体才会发生碰撞。如果在一个场景中有很多个几何体，利用类别将会减少计算几何体是否会发生碰撞的时间

续表

序号	参数	描述
9	碰撞设置	• 碰撞时高亮显示：当物体发生碰撞时，碰撞物体的颜色会高亮 • 碰撞时粘连：施力已固定碰撞体
10	名称	定义碰撞体的名称

使用技巧：

1）碰撞体的几何精度越高，碰撞体之间就越容易发生穿透破坏，为了减少不稳定的风险（穿透、粘连、抖动）并最大化运行性能，建议选用尽可能简单的碰撞类型，如方块、圆柱、凸多面体等。碰撞体太薄也可能引起穿透。

2）合理利用碰撞体的类别，减少引擎的计算。碰撞体类别的作用关系定义在碰撞体类别配置文件中< "NX 安装目录\mechatronics\Customer_Defaults_Collision_Category.csv" >。用户也可以通过客户默认设置指定自定义的碰撞体类别配置文件。通常：

一个场景中有很多个几何体，利用类别将会减少计算几何体是否会发生碰撞的时间。

处理复杂运动场景，避免碰撞体之间的相互干扰。

处理复杂运动场景，避免不相干的碰撞体对传感器的干扰。

3）对于运动行为已经确认的碰撞体，可以取消选中 "碰撞时高亮显示" 复选框，突出其他未经确认的碰撞体。

碰撞传感器：利用碰撞传感器来收集碰撞事件。碰撞事件可以被用来停止或者触发 "操作" 或 "执行机构"。

碰撞传感器有以下两个属性，如图 12-14 所示。

已触发（triggered）——记录碰撞事件，true 表示发生碰撞，false 表示没有发生碰撞。

活动的（active）——该对象是否激活，true 表示激活，false 表示未激活。

机电	图	导出	值
CollisionSensor(1)			
已触发			false
活动的			true

图 12-14 碰撞传感器的属性

定义碰撞传感器：单击 "主页" 功能选项卡 "电气" 组中的 "碰撞传感器" 按钮 📦（图 12-15），弹出 "碰撞传感器" 对话框（图 12-16），碰撞传感器参数描述基本与碰撞体参数描述相同，这里不再赘述。

图 12-15 碰撞传感器入口位置

图 12-16　"碰撞传感器"对话框

3. 对象源的概念和应用介绍

对象源：利用对象源在特定时间间隔创建多个外表、属性相同的对象，特别适用于物料流案例中。下面的例子展示了对象源是如何工作的。

定义对象源：单击"主页"功能选项卡"机械"组中的"刚体"下拉按钮，在弹出的下拉列表中选择"对象源"选项（图 12-17），弹出"对象源"对话框（图 12-18），对象源参数描述如表 12-7 所示。

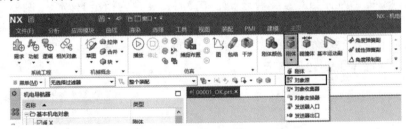

图 12-17　对象源入口位置

图 12-18　"对象源"对话框

表 12-7　对象源参数描述

序号	参数	描述
1	对象	选择要复制的对象
2	触发	• 基于时间——在指定的时间间隔复制一次 • 每次激活时一次
3	时间间隔	设置时间间隔
4	起始偏置	设置多少秒之后开始复制对象
5	名称	定义对象源的名称

每次激活时一次：当"对象源"的属性 active＝true，代表对象源激活一次。此属性会在下一个分步自动变为 false，如图 12-19 所示。

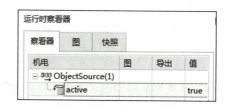

图 12-19　"每次激活时一次"属性

4. 对象变换器的概念和应用介绍

对象变换器：当刚体与对象变换器发生碰撞时，变换为指定的另一个刚体形状。

定义对象变换器：单击"主页"功能选项卡"机械"组中的"刚体"下拉按钮，在弹出的下拉列表中选择"对象变换器"选项（图 12-20），弹出"对象变换器"对话框（图 12-21），对象变换器参数描述如表 12-8 所示。

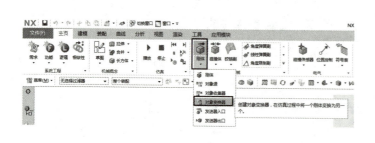

图 12-20　对象变换器入口位置　　　　图 12-21　"对象变换器"对话框

表 12-8　对象变换器参数描述

序号	参数	描述
1	变换触发器	选择一个碰撞传感器
2	变换源	• 任意——变换任何对象 • 仅选定的——只变换指定的对象
3	变换为	变换为所选择的刚体
4	名称	定义对象变换器的名称

实训项目 **13**

数控机床开关量及急停调控

【项目导读】

本实训项目要求利用提供的模型为数控车床和加工中心设置门的物理属性，通过运动副的设置，使其具有位置状态的信号，可实现往返运动，具备开关功能和效果，并能实现急停调控。

【学习目标】

1. 掌握机床刚体、碰撞体的创建方法;
2. 掌握滑动副的设置方法;
3. 掌握位置控制的设置方法;
4. 掌握限位开关的设置方法。

13.1　工作任务分析

13.1.1　任务内容

数控机床如图 13-1 所示，设置数控车床与加工中心门的基本物理属性，使其具有质量、碰撞的物理属性。分别将加工中心与数控车床门设置为位置控制，使门能够左右往返运动;将加工中心与数控车床门的运动副设置为限位开关，使其具有位置状态的信号。

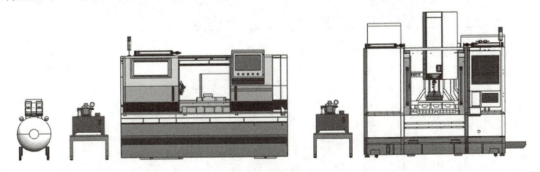

图 13-1　数控机床

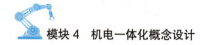

相关参数：加工中心与数控车床门的运行速度为 200mm/s，加工中心与数控车床门的位置，行程为 380mm，速度为 200mm/s。

13.1.2　任务解析

问题 1　滑动副具有_____个平移自由度。

问题 2　机床门限位可以通过_____实现。

问题 3　碰撞事件可以被用来_____或者_____"操作"或"执行机构"。

13.2　实践操作

13.2.1　实施准备

打开 NX 软件，进入 MCD 界面，打开模型文件。

13.2.2　实施要点

1）建立机床门刚体；

2）设置滑动副；

3）设置位置控制；

4）设置限位功能。

13.2.3　实施步骤

数控机床开关量及急停调控说明如表 13-1 所示。

表 13-1　数控机床开关量及急停调控说明

序号	名称	说明
1	设置加工中心与数控车床门的基本物理环境	创建加工中心与数控车床门刚体与碰撞体
2	设置加工中心与数控车床门的功能	将加工中心与数控车床门设置为滑动副
3	设置位置控制功能	将加工中心与数控车床门设置为位置控制
4	设置加工中心与数控车床门的到位功能	将加工中心与数控车床门的位置控制设置为限位开关

加工中心与数控车床门的开门步骤如下。

1. 设置加工中心与数控车床门的基本物理环境

序号	操作步骤图示	说明
1	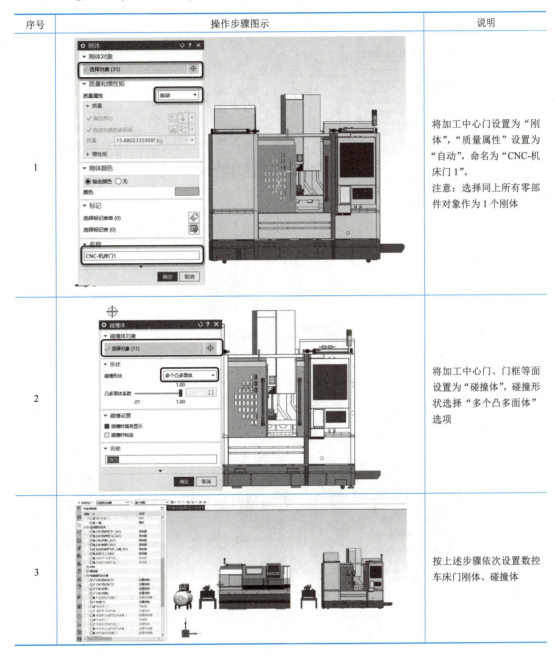	将加工中心门设置为"刚体","质量属性"设置为"自动",命名为"CNC-机床门1"。 注意:选择同上所有零部件对象作为1个刚体
2		将加工中心门、门框等面设置为"碰撞体",碰撞形状选择"多个凸多面体"选项
3		按上述步骤依次设置数控车床门刚体、碰撞体

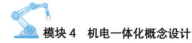

2. 设置加工中心与数控车床门的功能

序号	操作步骤图示	说明
1		将加工中心门设置为"滑动副",并通过"轴和偏置"选项组设置指定轴矢量
2		按上述步骤设置数控车床门滑动副

3. 设置位置控制功能

序号	操作步骤图示	说明
1		将加工中心门的滑动副设置为"位置控制",使用约束定义将参数设置为目标 380mm,速度 200mm/s,并命名为"CNC-机床门1"
2	是	按上述步骤设置数控车床门的位置控制功能

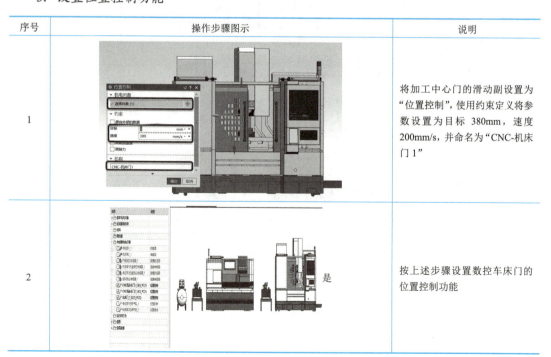

4. 设置加工中心与数控车床门的到位功能

操作步骤图示	说明
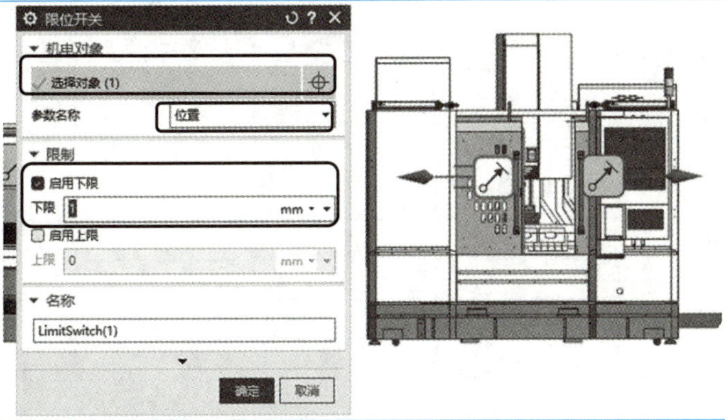	将加工中心与数控车床门位置控制设置为"限位开关"。 注意：使用"限制"选项组将下限设置为 1mm

13.3　评价反馈

学生互评表如表 13-2 所示。可在对应表栏内打"√"。

表 13-2　学生互评表

序号	评价项目	优秀 （90%～100%）	良好 （80%～90%）	合格 （60%～80%）	未完成 （<60%）
1	准备充分				
2	按计划时间完成任务				
3	引导问题填写完成量				
4	操作技能熟练程度				
5	最终完成作品质量				
6	团队合作与沟通				
7	6S 管理				

存在的问题：

说明：此表作为教师综合评价参考；表中的百分数表示任务完成率。

教师综合评价表如表 13-3 所示。可在对应表栏内打"√"。

表 13-3　教师综合评价表

序号	评价项目	优秀 （90%～100%）	良好 （80%～90%）	合格 （60%～80%）	未完成 （<60%）
1	准备充分				
2	按计划时间完成任务				
3	引导问题填写完成量				
4	操作技能熟练程度				
5	最终完成作品质量				
6	操作规范				
7	安全操作				
8	6S 管理				
9	创新点				
10	团队合作与沟通				
11	参与讨论主动性				
12	主动性				
13	展示汇报				

综合评价：

说明：共 13 个考核点，完成其中的 60%（即 8 个）及以上（即获得"合格"及以上）方为完成任务；如未完成任务，则须再次重新开始任务，直至同组同学和教师验收合格为止。

知识链接

1. 滑动副的概念和应用介绍

滑动副：按照相对运动的形式分类，两个构件之间的相对运动为移动的运动副称为移动副，在 MCD 中称为滑动副。

滑动副的自由度为 1，允许 1 个沿轴线移动的自由度，不允许构件之间的相对转动。

定义滑动副：单击"主页"功能选项卡"机械"组中的"基本运动副"按钮，在弹出的"基本运动副"对话框中选择"滑动副"选项（图 13-2），弹出"滑动副"对话框（图 13-3），滑动副参数描述如表 13-4 所示。

图 13-2　滑动副入口位置

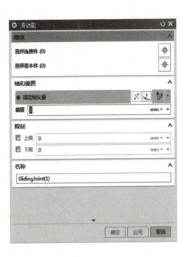

图 13-3　"滑动副"对话框

表 13-4　滑动副参数描述

序号	参数	描述
1	选择连接件	指定构件一，选择需要被铰链副约束的刚体
2	选择基本件	指定构件二，选择连接件所依附的刚体。如果基本件参数为空，则代表连接件和地面连接
3	指定轴矢量	指定旋转轴
4	偏置	在模拟仿真还没有开始之前，连接件相对于基本件的偏置位置
5	上限	设置一个限制两个构件相对转动的角度上限值，这里可以设置一个转动多圈的角度上限值
6	下限	设置一个限制两个构件相对转动的角度下限值，这里可以设置一个转动多圈的角度下限值
7	名称	定义滑动副的名称

2. 限位开关的概念和应用介绍

限位开关：对具有感官输出的物理对象的任何双类型运行时参数进行创建布尔输出。根据运行时参数的值创建限制，以更改输出的状态。可以定义指定上限或下限或两者。

定义限位开关：单击"主页"功能选项卡"电气"组中的"限位开关"按钮 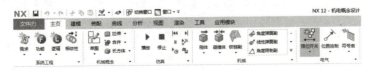（图 13-4），弹出"限位开关"对话框（图 13-5），限位开关参数描述如表 13-5 所示。

图 13-4　限位开关入口位置

图 13-5　"限位开关"对话框

表 13-5　限位开关参数描述

序号	参数	描述
1	选择对象	选择一个物件来检测零件
2	参数名称	选择触发输出信号变化的参数
3	启用下限	设置下限触发值
4	启用上限	设置上限触发值
5	名称	设置限位开关的名称

3. 位置控制的概念和应用介绍

位置控制：位置控制驱动运动副的轴以一预设的恒定速度运动到一预设的位置，并且限制运动副的自由度。完成运动所需的时间=位移/速度。

定义位置控制：单击"主页"功能选项卡"电气"组中的"位置控制"按钮（图 13-6），弹出"位置控制"对话框（图 13-7），位置控制参数描述如表 13-6 所示。

图 13-6　位置控制入口位置

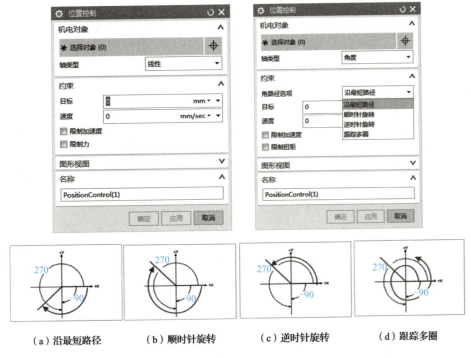

（a）沿最短路径　　　（b）顺时针旋转　　　（c）逆时针旋转　　　（d）跟踪多圈

图 13-7　"位置控制"对话框及"角路径选项"

表 13-6　位置控制参数描述

序号	参数	描述
1	选择对象	选择需要添加执行机构的轴运动副
2	轴类型	此选项用于选择轴类型。 • 角度 • 线性
3	角路径选项	此选项只有在轴类型为"角度"时才出现，用于定义轴运动副的旋转方案。 • 沿最短路径 • 顺时针旋转 • 逆时针旋转 • 跟踪多圈
4	目标	指定一个目标位置
5	速度	指定一个恒定的速度值
6	名称	定义位置控制的名称

加工中心与机器人上下料调控

【项目导读】

本实训项目要求利用提供的模型，建立加工中心与机器人上下料模块的信号适配器，编辑仿真序列，实现仿真运行。

【学习目标】

1. 掌握机器人运动副的设置方法；
2. 掌握适配器反馈信号的建立方法；
3. 掌握仿真运动序列的编辑方法；
4. 掌握姿态运动方向的调整方法。

14.1 工作任务分析

14.1.1 任务内容

加工中心与机器人自动上下料系统如图 14-1 所示，为产线的加工中心机器人上下料等模块建立信号适配器，并根据产线工艺在序列编辑器中编辑仿真序列，使加工中心机器人上下料模块仿真运行起来。

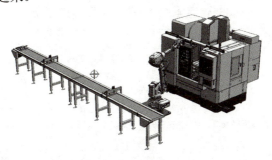

图 14-1 加工中心与机器人自动上下料系统

14.1.2　任务解析

问题 1　在一个信号适配器中可以包含_____和_____。

问题 2　创建包含信号的_____之后，将在机电导航器中创建_____对象。

问题 3　将在"公式"框中显示的公式分配给选定的_____。

问题 4　反馈信号是如何建立的？

_____

_____

问题 5　仿真运动序列如何编辑？

_____

_____

14.2　实践操作

14.2.1　实施准备

打开 NX 软件，进入 MCD 界面，打开模型文件。

14.2.2　实施要点

1）建立反馈信号；

2）编辑仿真运动序列；

3）编辑适配器信号；

4）设置机器人的姿态点位。

14.2.3　实施步骤

加工中心机器人上下料调控说明如表 14-1 所示。

表 14-1　加工中心机器人上下料调控说明

序号	设置名称	说明
1	设置加工中心机器人上下料控制信号	将加工中心机器人上下料中机器人、机床门气缸位置控制、机器人握爪在信号适配器中根据信号表添加相应的信号控制，并把该信号适配器命名为控制信号
2	设置加工中心机器人上下料反馈信号	将加工中心机器人上下料中机器人、机床门气缸滑动副、机器人握爪在信号适配器中根据信号表添加相应的信号反馈，并把该信号适配器命名为反馈信号
3	设置加工中心机器人上下料仿真序列	根据加工中心机器人上下料的生产工艺流程，在仿真序列中使用信号适配器信号编辑加工中心机器人上下料仿真运动序列

加工中心机器人上下料信号配置步骤如下。

1. 设置加工中心机器人上下料控制信号

序号	操作步骤图示	说明
1		将加工中心门的位置控制在"信号适配器"中，设置为控制信号，"参数名称"设置为"位置"，单击▣按钮依次添加信号、公式。信号名称命名为"控制信号"
2		将加工中心门与机器人握爪的控制信号按照任务书配置全部信号

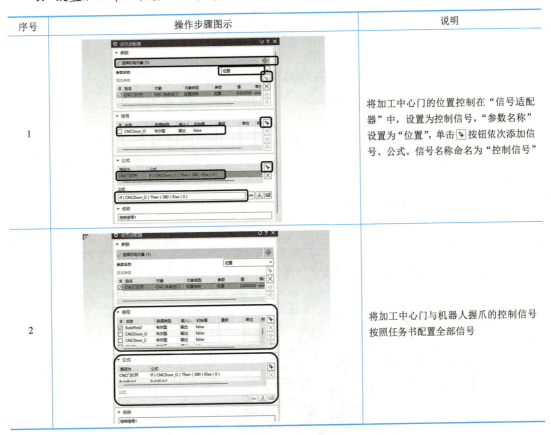

2. 设置加工中心机器人上下料反馈信号

序号	操作步骤图示	说明
1		将加工中心机器人上下料时到达的位置信号在"信号适配器"中设置为反馈信号，"参数名称"设置为"切换"，单击▣按钮依次添加信号、公式。信号命名为"反馈信号"

续表

序号	操作步骤图示	说明
2		按上述步骤依次设置加工中心门滑动副与加工中心机器人的位置反馈信号

3. 设置加工中心机器人上下料仿真序列

序号	操作步骤图示	说明
1	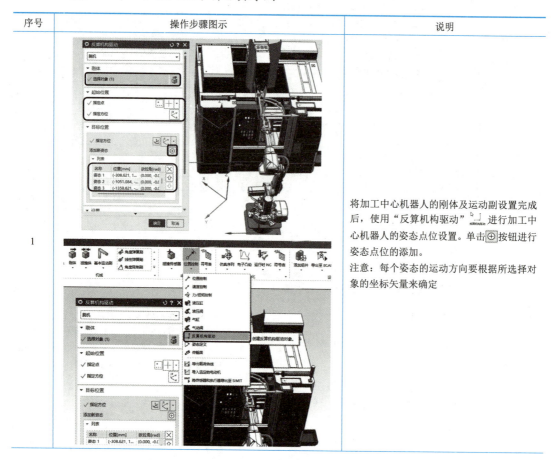	将加工中心机器人的刚体及运动副设置完成后，使用"反算机构驱动"进行加工中心机器人的姿态点位设置。单击⊕按钮进行姿态点位的添加。 注意：每个姿态的运动方向要根据所选择对象的坐标矢量来确定

续表

序号	操作步骤图示	说明
2	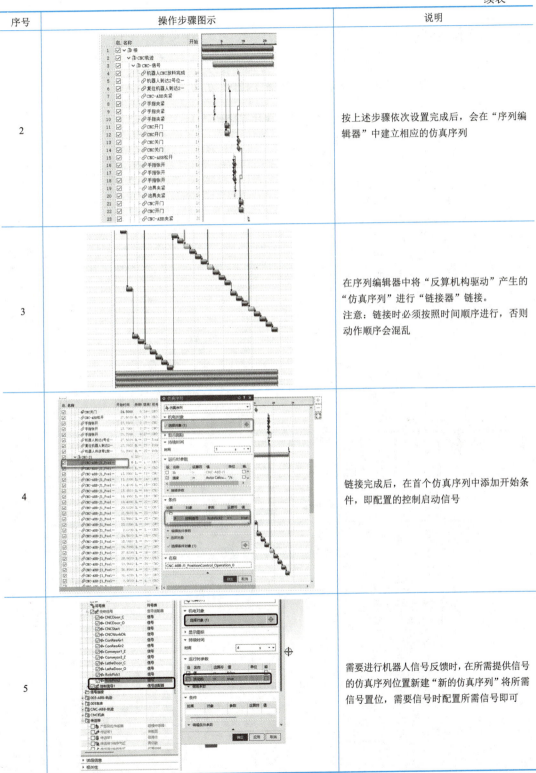	按上述步骤依次设置完成后，会在"序列编辑器"中建立相应的仿真序列
3		在序列编辑器中将"反算机构驱动"产生的"仿真序列"进行"链接器"链接。注意：链接时必须按照时间顺序进行，否则动作顺序会混乱
4		链接完成后，在首个仿真序列中添加开始条件，即配置的控制启动信号
5		需要进行机器人信号反馈时，在所需提供信号的仿真序列位置新建"新的仿真序列"将所需信号置位，需要信号时配置所需信号即可

14.3　评价反馈

学生互评表如表 14-2 所示。可在对应表栏内打"√"。

表 14-2　学生互评表

序号	评价项目	优秀 （90%～100%）	良好 （80%～90%）	合格 （60%～80%）	未完成 （<60%）
1	准备充分				
2	按计划时间完成任务				
3	引导问题填写完成量				
4	操作技能熟练程度				
5	最终完成作品质量				
6	团队合作与沟通				
7	6S 管理				

存在的问题：

说明：此表作为教师综合评价参考；表中的百分数表示任务完成率。

教师综合评价表如表 14-3 所示。可在对应表栏内打"√"。

表 14-3　教师综合评价表

序号	评价项目	优秀 （90%～100%）	良好 （80%～90%）	合格 （60%～80%）	未完成 （<60%）
1	准备充分				
2	按计划时间完成任务				
3	引导问题填写完成量				
4	操作技能熟练程度				
5	最终完成作品质量				
6	操作规范				
7	安全操作				
8	6S 管理				
9	创新点				
10	团队合作与沟通				

续表

序号	评价项目	优秀 （90%～100%）	良好 （80%～90%）	合格 （60%～80%）	未完成 （<60%）
11	参与讨论主动性				
12	主动性				
13	展示汇报				

综合评价：

说明：共 13 个考核点，完成其中的 60%（即 8 个）及以上（即获得"合格"及以上）方为完成任务；如未完成任务，则须再次重新开始任务，直至同组同学和教师验收合格为止。

知识链接

1. 信号适配器的概念和应用介绍

信号适配器：使用 Signal Adapter 命令来封装运行时公式和信号。可以在一个信号适配器中包含多个运行时公式和信号。可以使用符号表标准列表中的名称来命名信号。

在创建包含信号的信号适配器后，会在 Physics Navigator 中创建一个信号对象。可以使用该信号连接到外部信号，如 OPC 服务器信号。

定义信号适配器：单击"主页"功能选项卡"电气"组中的"信号适配器"按钮 （图 14-2），弹出"信号适配器"对话框（图 14-3），信号适配器参数描述如表 14-4 所示。

图 14-2　信号适配器入口位置

图 14-3　"信号适配器"对话框

表 14-4　信号适配器参数描述

序号	参数	描述
1	选择机电对象	选择包含要添加到信号适配器的参数的物理对象
2	参数名称	显示所选物理对象中的参数
3	添加参数	将从参数名称列表中选择的参数添加到参数表中
4	参数表	显示添加的参数及其所有属性值，并允许更改这些值
5	添加信号	给信号表添加一个信号
6	信号表	显示添加的信号及其所有属性值，并允许更改这些值
7	添加公式	添加一个新公式，以便可以在另一个函数中将公式用作变量
8	公式表	当选中其各自表格中信号或参数旁边的复选框时，信号或参数将添加到此表中
9	公式框	选择、输入或编辑公式
10	插入函数	为选定的参数或信号添加一个新功能
11	插入条件	为选定的参数或信号添加一个新的条件语句
12	扩展文本输入	显示一个大的文本框来输入冗长的公式
13	名称	定义信号适配器的名称

注意：输出信号可以是一个或多个参数或信号的函数。输入信号只能用于公式中，不能指定公式。

2. 仿真序列的概念和应用介绍

仿真序列：使用仿真序列命令创建可访问机电一体化系统中任何对象的控制元素。

可以使用仿真序列来执行以下操作：

1）创建条件语句，以确定何时触发参数更改。

2）将对象参数的值更改为用户在操作中设置的值。

3）根据指定的事件暂停运行时模拟。

定义仿真序列：单击"主页"功能选项卡"自动化"组中的"仿真序列"按钮（图 14-4），弹出"仿真序列"对话框（图 14-5），仿真序列参数描述如表 14-5 所示。

图 14-4　仿真序列入口位置

图 14-5　"仿真序列"对话框

表 14-5　仿真序列参数描述

序号	参数	描述
1	类型	指定创建的操作的类型：仿真序列、暂停仿真序列、显示快捷方式
2	选择对象	设置要由仿真序列控制的对象
3	持续时间	设置要由仿真序列持续的时间
4	运行时参数	显示可访问的运行时参数或标记表单的列表。 要使操作可以访问参数，在参数列表中选中参数的复选框
5	条件	选择条件对象时可用
6	编辑条件参数	指定条件列表中所选参数的值
7	选择条件对象	选择一个提供运行时参数的条件对象，以确定仿真序列的开始条件
8	名称	定义仿真序列的名称

実訓項目

15

智能制造产线虚实仿真联调

【项目导读】

　　本实训项目要求利用提供的模型，完成实训项目 12～实训项目 14 的设置。根据智能制造产线的生产流程，在 NX MCD 模块中完成相关设置。打开 TIA Portal 软件，编写 PLC、HIM 程序，将 PLC 中的信号与 MCD 进行信号映射。启动 PLC 程序驱动 MCD 中机加工产线各个模块进行联调，实现符合产线生产流程的虚实仿真。

【学习目标】

1. 掌握传送带启停、物料生成的方法；
2. 掌握机床门闭合、打开的方法；
3. 掌握气缸伸缩的方法；
4. 掌握机器人传送带取、放料的方法；
5. 掌握生产线启停、急停的方法；
6. 掌握虚实联调方法。

15.1　工作任务分析

15.1.1　任务内容

　　智能制造产线如图 15-1 所示，在 TIA Portal 软件中编写各个模块的 PLC 程序及 HIM 程序。把 PLC 中的信号与 MCD 进行信号映射，然后启动 PLC 程序驱动 MCD 中机加工产线各个模块进行联调。

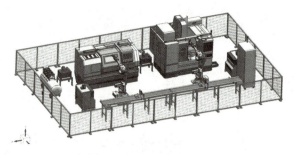

图 15-1　智能制造产线

相关参数：使用 OPC UA 通信，PLC 地址为 192.168.0.1。

15.1.2　任务解析

问题 1　如何实现传送带的启停？

_____

_____

问题 2　什么是虚实联调？

_____

_____

_____

问题 3　虚实联调的操作步骤是什么？

_____

_____

_____

问题 4　如何进行通信设置？

_____

_____

_____

15.2　实践操作

15.2.1　实施准备

安装好 NX 软件（NX1953 及以上版本）、TIA Portal V17 软件进入 NX MCD 界面，打开模型文件。

15.2.2　实施要点

1）传送带启停，物料生成，气缸伸缩；

2）设置 PLC 的 OPC UA 的服务器接口；

3）设置 MCD 与 PLC 的通信连接；

4）机器人动作；

5）虚实联调。

15.2.3　实施步骤

建立 PLC 与 MCD 信号映射表，如表 15-1 所示。

表 15-1　PLC 与 MCD 信号映射表

信号映射表					
PLC→MCD			MCD→PLC		
名称	地址	变量名	名称	地址	变量名
传送带 1 正转	Q10.0	Conveyor1_Z	物料生成	I10.0	MatCreate
传送带 1 挡停气缸	Q10.1	ConResAir1	传送带 1 托盘到位	I10.1	ConMatArrive1
数控车床门打开	Q10.2	LatheDoor_O	传送带 1 挡停气缸伸出到位	I10.2	AirCyl1_Out
数控车床门关闭	Q10.3	LatheDoor_C	传送带 1 挡停气缸缩回到位	I10.3	AirCyl1_Back
加工中心启动	Q10.4	CNCStart	机器人到达 1 号位上方	I10.4	RobArriveUp1
加工中心加工完成	Q10.5	CNCWorkOk	机器人数控车床放料完成	I10.5	RobPlaceOk_Lathe
传送带 2 正转	Q10.6	Conveyor2_Z	机器人传送带 1 放料完成	I10.6	RobotPlaceOK1
传送带 2 挡停气缸	Q10.7	ConResAir2	传送带 2 托盘到位	I10.7	ConMatArrive2
加工中心门打开	Q11.0	CNCDoor_O	传送带 2 挡停气缸伸出到位	I11.0	AirCyl2_Out
加工中心门关闭	Q11.1	CNCDoor_C	传送带 2 挡停气缸缩回到位	I11.1	AirCyl2_Back
加工中心启动	Q11.2	CNCStart	机器人到达 2 号位上方	I11.2	RobArriveUp2
加工中心加工完成	Q11.3	CNCWorkOk	机器人加工中心放料完成	I11.3	RobPlaceOk_CNC
机器人 1 传送带取料	Q11.4	RobPick1	机器人传送带 2 放料完成	I11.4	RobotPlaceOK2
机器人 2 传送带取料	Q11.5	RobPick2	成品到位	I11.5	FiniArrive
产线启动	M10.0	Run	紧急停止	I11.6	EStop_MCD
产线停止	M10.1	Stop			
产线复位	M10.2	Reset			
产线急停	I0.0	EStop			

智能制造产线虚实仿真联调说明如表 15-2 所示。

表 15-2　智能制造产线虚实仿真联调说明

序号	名称	说明
1	在 TIA Portal 软件中设置 PLC 的 OPC UA 功能	在 TIA Portal 软件中设置 S7-1200 PLC 的 OPC 功能，并添加相应信号
2	设置 MCD 与 PLC 的 OPC UA 通信	在 MCD 外部通信功能中选择 OPC UA 通信方式，并选中需要的信号，在信号映射中关联 MCD 与 PLC 信号
3	虚实联调	不断优化程序功能

1. 在 TIA Portal 软件中设置 PLC 的 OPC UA 功能

序号	操作步骤图示	说明
1	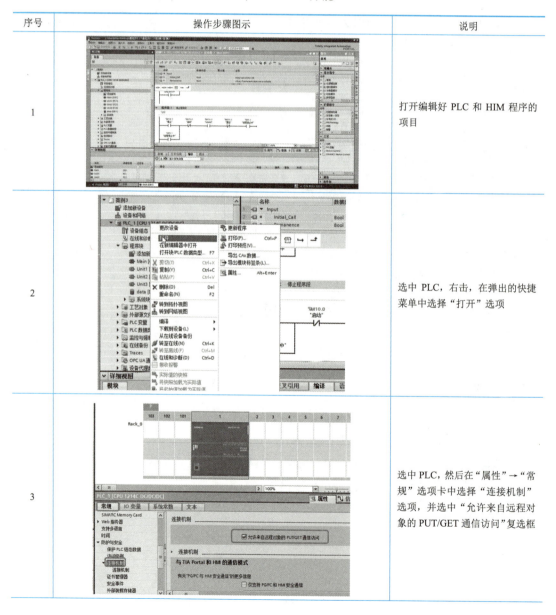	打开编辑好 PLC 和 HIM 程序的项目
2		选中 PLC，右击，在弹出的快捷菜单中选择"打开"选项
3		选中 PLC，然后在"属性"→"常规"选项卡中选择"连接机制"选项，并选中"允许来自远程对象的 PUT/GET 通信访问"复选框

序号	操作步骤图示	说明
4	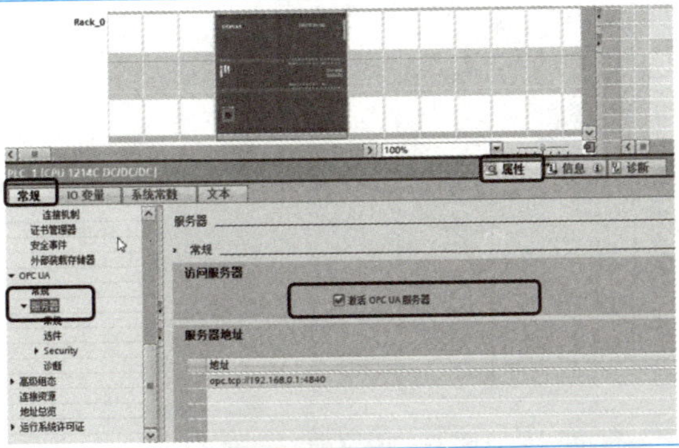	选择"服务器"选项并选中"激活 OPC UA 服务器"复选框。 注意：此处的服务器地址"opc. tcp://192.168.0.1:4840"是后面在 MCD 外部通信中搜索 PLC 的地址
5	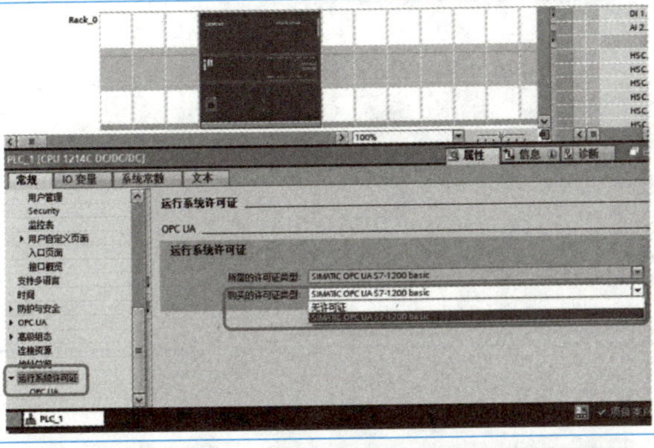	选择"运行系统许可证"选项，然后在右边选择需要购买的许可证类型。 注意：此处的"购买的许可证类型"是在安装 TIA Potral 软件时配置好的，不需要手动填写
6	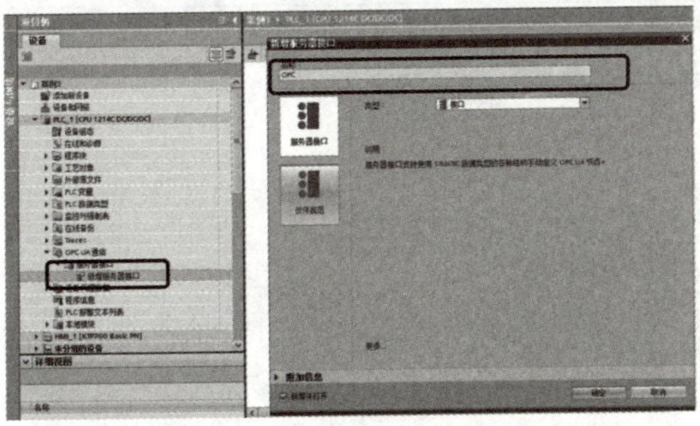	在项目树中选择"OPC UA 通信"→"新增服务器接口"选项，在弹出的"新增服务器接口"对话框中输入名称"OPC"。 注意：此项目选择的是"服务器接口"，而不是"伙伴规范"
7	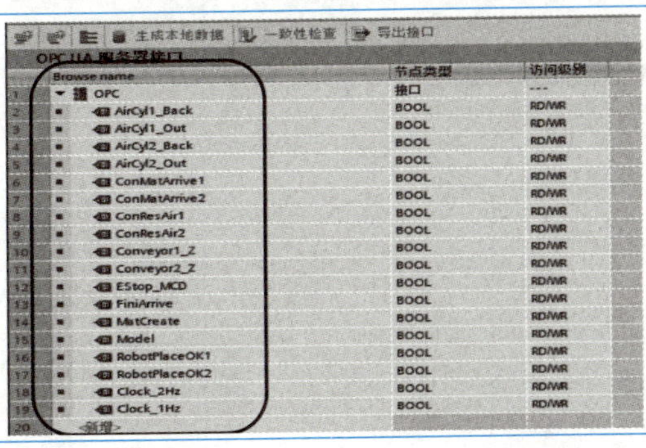	在"OPC UA 服务器接口"界面中依次添加需要的 PLC 信号。 注意：此处的命名最好与 PLC 的信号命名一样，以便后面与"PLC 变量表"中的信号进行一一映射

续表

序号	操作步骤图示	说明
8	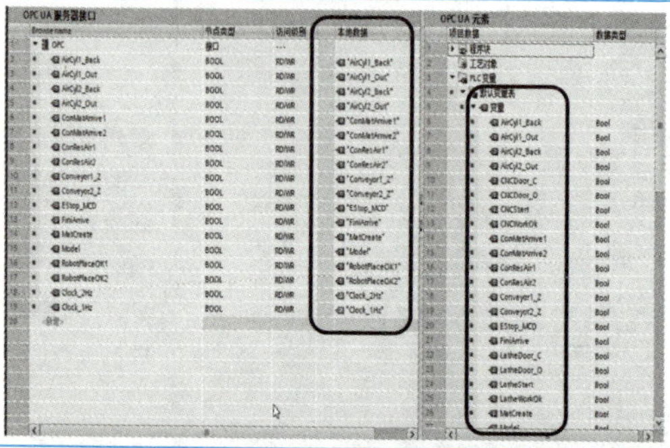	展开"PLC变量"，把名字相同的信号拖动到"OPC UA 服务器接口"界面中的"本地数据"列表中
9	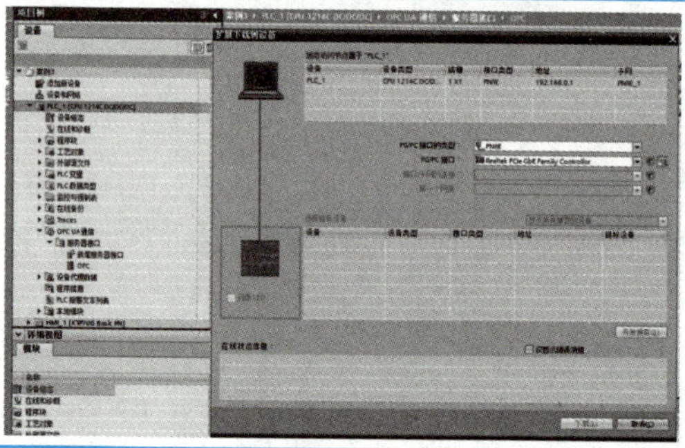	OPC UA 功能设置完成后就可以下载 PLC 程序了

2. 设置 MCD 与 PLC 的 OPC UA 通信

序号	操作步骤图示	说明
1		打开已经做好仿真的 MCD 项目，在"主页"功能选项卡"自动化"组中选择"外部信号配置"选项
2		在"外部信号配置"对话框中选择"OPC UA"选项卡，然后单击 添加新服务按钮

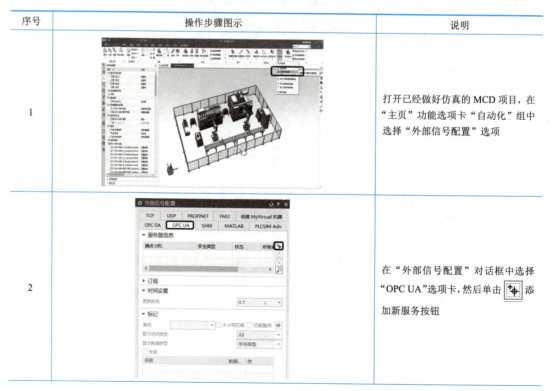

续表

序号	操作步骤图示	说明
3	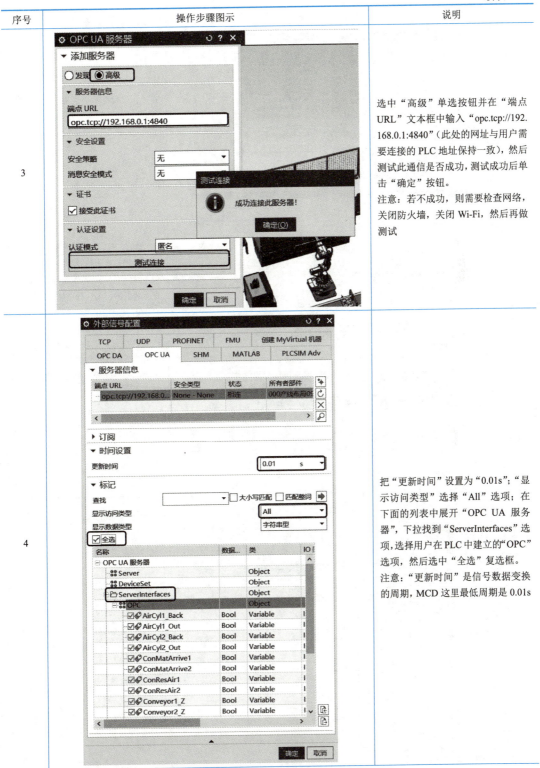	选中"高级"单选按钮并在"端点 URL"文本框中输入"opc.tcp://192.168.0.1:4840"（此处的网址与用户需要连接的 PLC 地址保持一致），然后测试此通信是否成功，测试成功后单击"确定"按钮。 注意：若不成功，则需要检查网络，关闭防火墙，关闭 Wi-Fi，然后再做测试
4		把"更新时间"设置为"0.01s"；"显示访问类型"选择"All"选项；在下面的列表中展开"OPC UA 服务器"，下拉找到"ServerInterfaces"选项，选择用户在 PLC 中建立的"OPC"选项，然后选中"全选"复选框。 注意："更新时间"是信号数据变换的周期，MCD 这里最低周期是 0.01s

续表

序号	操作步骤图示	说明
5	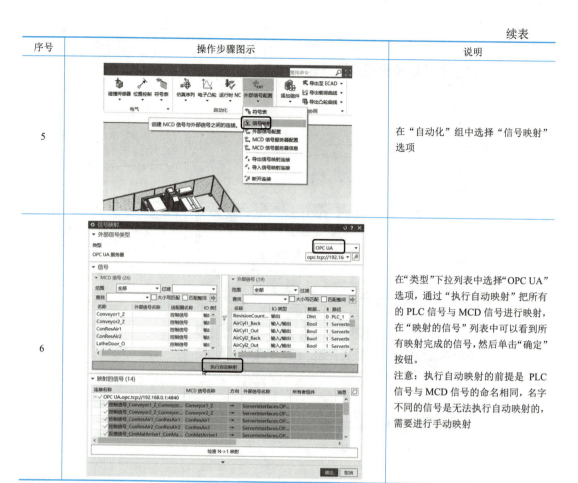	在"自动化"组中选择"信号映射"选项
6		在"类型"下拉列表中选择"OPC UA"选项，通过"执行自动映射"把所有的 PLC 信号与 MCD 信号进行映射，在"映射的信号"列表中可以看到所有映射完成的信号，然后单击"确定"按钮。 注意：执行自动映射的前提是 PLC 信号与 MCD 信号的命名相同，名字不同的信号是无法执行自动映射的，需要进行手动映射

3. 虚实联调

序号	操作步骤图示	说明
1	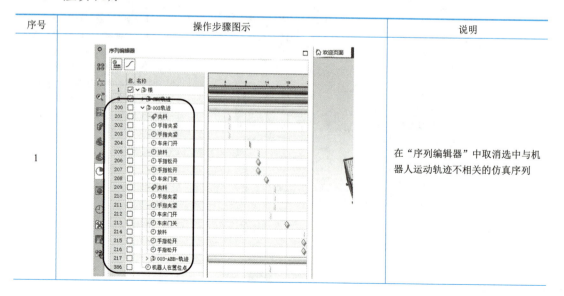	在"序列编辑器"中取消选中与机器人运动轨迹不相关的仿真序列

续表

序号	操作步骤图示	说明
2	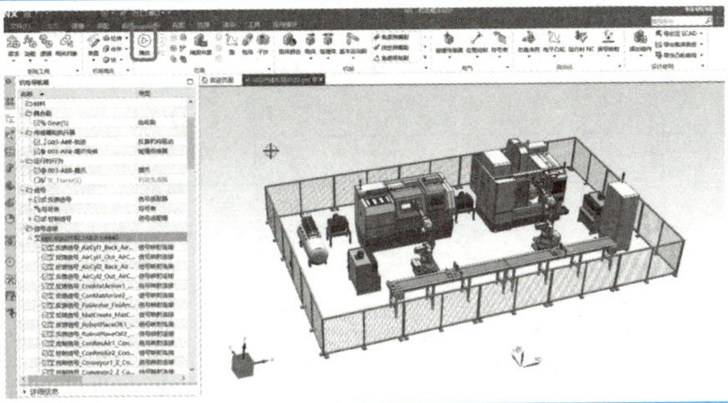	单击"播放"按钮，开始虚拟调试
3	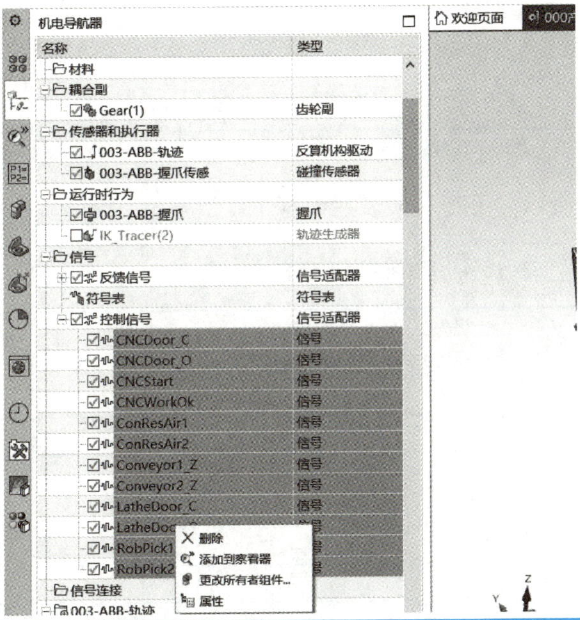	在调试的过程中，可以把信号适配器中的信号添加到运行时察看器，观察信号的变化，更好地查找 PLC 程序问题

15.3　评价反馈

学生互评表如表 15-3 所示。可在对应表栏内打"√"。

表 15-3　学生互评表

序号	评价项目	优秀 （90%～100%）	良好 （80%～90%）	合格 （60%～80%）	未完成 （<60%）
1	准备充分				
2	按计划时间完成任务				
3	引导问题填写完成量				

续表

序号	评价项目	优秀 （90%～100%）	良好 （80%～90%）	合格 （60%～80%）	未完成 （<60%）
4	操作技能熟练程度				
5	最终完成作品质量				
6	团队合作与沟通				
7	6S 管理				

存在的问题：

说明：此表作为教师综合评价参考；表中的百分数表示任务完成率。

教师综合评价表如表 15-4 所示。可在对应表栏内打"√"。

表 15-4　教师综合评价表

序号	评价项目	优秀 （90%～100%）	良好 （80%～90%）	合格 （60%～80%）	未完成 （<60%）
1	准备充分				
2	按计划时间完成任务				
3	引导问题填写完成量				
4	操作技能熟练程度				
5	最终完成作品质量				
6	操作规范				
7	安全操作				
8	6S 管理				
9	创新点				
10	团队合作与沟通				
11	参与讨论主动性				
12	主动性				
13	展示汇报				

综合评价：

说明：共 13 个考核点，完成其中的 60%（即 8 个）及以上（即获得"合格"及以上）方为完成任务；如未完成任务，则须再次重新开始任务，直至同组同学和教师验收合格为止。

知识链接

1. 什么是 OPC UA

OPC UA（unified architecture，统一架构）是由 OPC Foundation 在数十个成员组织的协助下共同建立的开发标准。OPC UA 是下一代的 OPC 标准，通过提供一个完整的、安全和可靠的跨平台的架构，以获取实时和历史数据和时间。

OPC UA 基于 OPC 基金会提供的新一代技术，提供安全、可靠和独立于厂商的，实现原始数据和预处理的信息从制造层级到生产计划或 ERP 层级的传输。通过 OPC UA，所有需要的信息在任何时间、任何地点对每个授权的应用、每个授权的人员都可用。这种功能独立于制造厂商的原始应用、编程语言和操作系统。OPC UA 是目前已经使用的 OPC 工业标准的补充，提供一些重要的特性，包括如平台独立性、扩展性、高可靠性和连接互联网的能力。OPC UA 不再依靠 DCOM，而是基于面向服务的体系结构（service-oriented architecture，SOA），OPC UA 的使用更简便。现在，OPC UA 已经成为独立于微软、UNIX 或其他的操作系统企业层和嵌入式自动组建之间的桥梁。

2. MCD 与 OPC UA

MCD 与外部链接支持多种通信协议，MCD 属于 OPC UA 客户端，通过 OPC UA 通信协议可以实现连续实时地读写设备或数据源的数据。

下面通过一个案例介绍如何使用 MCD 和 OPC UA 通信协议实现软件在环虚拟调试。案例环境如图 15-2 所示。

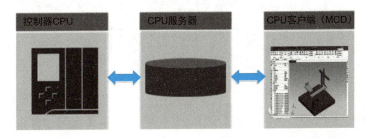

图 15-2 案例环境

整个环境由三大块组成：控制器 CPU、OPC 服务器和 OPC 客户端（MCD）。其中：①CPU 用来处理运行逻辑；②OPC 服务器连接控制器和客户端，从客户端获取机器状态发送给控制器，同时接收控制器运行指令控制机器；③MCD 用来显示虚拟化的机器并进行模拟仿真，同时作为 OPC 客户端读写 OPC 服务器数据。

要使用 OPC DA 通信协议实现软件在环虚拟调试，我们需要硬件 PLC、OPC 服务器和

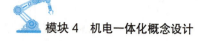

MCD 安装在计算机或虚拟机上。除此之外，我们还需要正确理解信号传输的原理。通过图 15-3，可以看到信号传递的路径：

PLC 发出指令→OPC 服务器→MCD 中的 Signal→MCD 中的控制器→MCD 中的运动对象；

PLC 接收信号←OPC 服务器←MCD 中的 Signal←MCD 中的对象（传感器、位置或其他对象）。

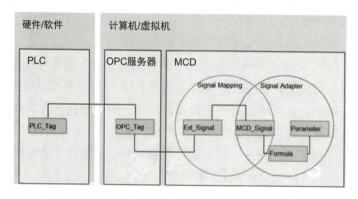

图 15-3　信号传输原理

硬件组态如图 15-4 所示。

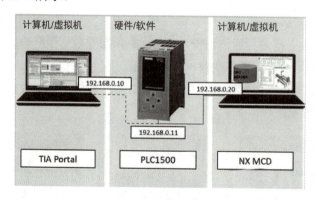

图 15-4　硬件组态

OPC 服务器和 MCD 程序可以在同一台计算机/虚拟机或不同的计算机/虚拟机中执行。安装 TIA Portal 的计算机与安装 OPC 服务器的计算机通过 PLC 硬件的 P1 端口进行连接（这里需要在下载项目或运行示例中切换 TIA Portal 计算机与 OPC 服务器计算机之间的连接）。

参 考 文 献

安宗权，许德章，2018. 埃夫特工业机器人操作与编程[M]. 西安：西安电子科技大学出版社.

北京赛育达科教有限责任公司，2020. 工业机器人应用编程 ABB（初级）[M]. 北京：高等教育出版社.

房磊，周彦兵，2020. KEBA 机器人控制系统编程与调试[M]. 北京：电子工业出版社.

黄文汉，陈斌，2020. 机电概念设计（MCD）应用实例教程[M]. 北京：中国水利水电出版社.

兰虎，鄂世举，2020. 工业机器人技术及应用[M]. 北京：机械工业出版社.

兰虎，王冬云，2020. 工业机器人基础[M]. 北京：机械工业出版社.

廖常初，2010. S7-1200 PLC 编程及应用[M]. 2 版. 北京：机械工业出版社.

刘长青，2016. S7-1500 PLC 项目设计与实践[M]. 北京：机械工业出版社.

陆曲波，王世辉，2006. 数控加工编程与操作[M]. 广州：华南理工大学出版社.

孟庆波，2020. 生产线数字化设计与仿真（NX MCD）[M]. 北京：机械工业出版社.

邢美峰，2016. 工业机器人操作与编程[M]. 北京：电子工业出版社.

叶晖，2017. 工业机器人实操与应用技巧[M]. 2 版. 北京：机械工业出版社.

展迪优，2019. UG NX 12.0 数控编程教程[M]. 5 版. 北京：机械工业出版社.

张德红，2018. 数控机床编程与操作[M]. 北京：机械工业出版社.

钟健，鲍清岩，2019. KEBA 机器人控制系统基础操作与编程应用[M]. 北京：电子工业出版社.